식물에 죽음은 있는가

생명의 본질에 다가가는
일주일 동안의 사색

식물에

죽음은   있는가

이나가키 히데히로 지음
이소온 옮김

북멘토

차례

생명을
생각하는
한 주

천지창조의 전설에 따르면 세계는 일주일 만에 만들어졌다고 한다.

일주일의 여름 방학은 눈 깜짝할 사이에 지나갔지만, 출근해야 하는 일주일은 시간이 꽤나 더뎠다. 아인슈타인이 상대성 이론을 설명할 때 '뜨거운 난로 위에 손을 얹고 있으면 일 분이 한 시간처럼 느껴지지만, 아름다운 여성 옆에 앉아 있으면 한 시간이 일 분처럼 느껴지는 것'이라 했다고 한다. 상대성 이론까지 꺼내지 않아도 우리에게 시간은 상대적이다. 세계를 창조한 신에게 일주일은 긴 시간이었을까, 아니면 눈 깜짝할 사이였을까?

나는 지난 한 주 꽤나 특이한 시간을 보냈다. 다시 생각해 봐도 정말 이상한 일주일이었다.

나는 대학에서 식물을 가르친다. 식물에 대해 강의하고, 식물에 관한 책을 쓴다. 식물에 대해서는 잘 안다고 자부하고 있었다. 그런데 그런 내가, 사실은 식물에 대해 잘 모른다는 것을 깨닫게 되었다. 그뿐인가. '생명'에 대해서도 아무것도 몰랐다는 것을 절실히 깨달았다. 나 스스로가 살아 있는 생명임에도 불구하고.

생명이란 무엇일까.

살아간다는 것은 대체 무엇일까.

그런 생각을 한 일주일이었다. 특별한 일이 있었던 것은 아니고, 다시 돌이켜 봐도 그저 여느 때와 같은 평범한 한 주였다. 하지만 너무나 소중한 한 주였던 것도 같다.

내 안의 무언가가 바뀐 것일까, 아니면 아무것도 변하지 않은 것일까. 지금 다시 생각해 봐도 정말이지 이상한 일주일이었다.

일주일, 길다면 길고 짧다면 짧은 시간이다.

그 일주일은, 어느 평범한 월요일 아침에 시작되었다.

Monday _____

왜 식물은 움직이지 않는가?

월요일
Monday

어느 대학 교수의 아침

정해진 시간보다 한 시간 일찍 출근한다. 대학에서 식물학을 가르치는 것이 나의 일이다. 예전에는 평범한 직장인이었지만, 몇 년 전부터 대학에서 학생들을 가르친다. 직장인 시절에는 책상이 여럿 놓인 사무실에서 동료들과 함께 일했지만 지금은 개인 연구실이 있다. 낡은 건물이지만 창밖으로 큰 나무가 있는 중정이 보여 제법 분위기도 좋다. 심지어 중정의 그나무는 학교가 생기기 전부터 거기에 있던 것이라고 한다.

직장인 시절 내 책상 위는 언제나 서류 더미가 산처럼 쌓여 있었다. 개인 연구실이 생기면 해소될 줄 알았지만 어림없는 생각이었다. 연구실이 생겨도 정리는 전혀 되지 않았고, 내 책상 위는 여전히 서류의 산이다. 보조 책상도 사정은 마찬가지. 서류의 산이 하나 더 늘었을 뿐이다. 하긴 이전 직장은 이제 고정된 좌석 없이 노트북을 들고 자유롭게 일하는 방식으로 바뀌었다고 한다.

1968년생인 나로서는 딴 세상 이야기다. 그 많던 서류의 산들은 다 어디로 갔을까. 작은 노트북 안에 그것들이 전부 들어가 있을까. 전자 문서 덕분에 온갖 자료들이 메일로 오지만, 나는 여전히 종이로 읽는 게 편해서 프린트해서 읽어야 직성이 풀린다. 책상 위 서류의 산은 그렇게 완성된다.

한 시간 일찍 출근하면 학교 건물 안은 아직 한산하다. 설마 내가 이렇게 아침 일찍 출근하는 사람이 되리라곤 상상조차 하지 못했다. 젊을 적에는 아침 일찍 일어나는 게 제일 고역이었으니까. 그런데 나이 탓인지 지금은 아침이 되면 눈이 저절로 뜨인다. 일찍 출근하는 것도 그다지 힘들지 않다. 무엇보다, 운전해서 출퇴근하기 때문에 이른 시간은 도로가 붐비지 않아 좋다. 출퇴근 시간에는 한 시간 넘게 걸리는 길이 이른 아침은

삼십 분이면 족하다. 아침에는 전화도 걸려 오지 않는다. 갑자기 방문을 노크하는 사람도 없어서 일에 집중할 수 있다.

출근하면 제일 먼저 메일을 확인하며 일과를 시작한다. 사실 아침부터 메일 같은 건 보고 싶지 않다. 아침에는 창의적인 일을 해야 한다고 책에 쓴 적도 있다. 하지만 이제 대부분의 일은 메일로 주고받는 시대가 되었다. 메일을 제때제때 처리해 두지 않으면 일이 점점 쌓이게 된다. 스팸 메일도 많지만 개중에는 급하거나 중요한 것도 섞여 있어 마구잡이로 휴지통에 버릴 수도 없다. 말 그대로 옥석을 가려내야 한다. 그래서 매일 아침 어쩔 수 없이 제일 먼저 메일부터 확인한다.

이런 말은 학생들이 싫어하겠지만 내가 젊었을 때 전자 메일 같은 건 없었다. 외부에서 오는 연락은 거의 전화였고, 회사 내에서도 내선 전화로 연락했다. 전화가 와도 지금 부재중이라고 하면 그만이었다. 급하면 옆자리 동료에게 지금 자리에 없다고 말해 달라고 하면 되었다. 그런데 지금은 어떤가. 누구나 휴대 전화가 있으니 일단 부재중인 척하는 게 불가능하다. 별로 중요하지도 않은 메일이 끝도 없이 온다. 나는 메일을 컴퓨터로만 확인하지만, 휴대 전화로도 메일을 쓰기 시작하면 쉴 틈이라고는 전혀 없을 것이다. 이쪽 사정은 전혀 고려하지 않고 보낸 메일이라도, 안 읽으면 안 읽은 사람 잘못이 된다.

해외에 나가도 메일에서 벗어날 수는 없다. 심야에 지구 반대편 호텔에 있든, 고도 1만 미터 상공 비행기 안에 있든, 메일은 언제나처럼 별로 중요치도 않은 내용을 싣고 끝도 없이 날아온다. 메일이 없었던 때도 나름 바쁘게 지냈던 걸로 기억하지만, 지금 생각하면 한가로운 시대였다. 직장에는 타자기 몇 대만 있을 뿐 책상 위에 컴퓨터조차 없었다. 컴퓨터도 메일도 없이 대체 어떻게 일했던 걸까? 이젠 그것조차 기억나지 않는다.

메일함을 열어 보니 아침 일찍 학생이 보낸 질문이 와 있다. 사실 아침 일찍 보낸 것은 아니고 전날 밤늦게 보낸 것이다. 메일은 필요한 때 곧바로 연락할 수 있는 빠르고 간편한 도구이지만, 왜 그런지 학생들은 늦은 밤에 메일을 보내오곤 한다. 메일 확인이야 집에서도 컴퓨터로 할 수 있지만 나도 밤에는 자고 싶다. 젊을 때는 심야까지 깨어 있어도 거뜬했지만 이제는 저녁을 먹으면 곧장 졸음이 쏟아지는 나이가 되었다. 그래서 학생들이 보낸 메일은 필연적으로 다음 날에야 보게 된다.

한데 내가 답장을 보내도 이번에는 그날 수업이 없는 그 학생이 대낮까지 자는 일이 예사다. 일어나면 오후에는 또 아르바이트 가느라 바쁘다. 그러니 내가 아침에 보낸 메일의 답은 밤늦게 오기 일쑤다. 메일은 분명 필요할 때 곧바로 연락할 수 있는 도구일 텐데, 나와 학생들 간 연락은 어째 하루 한 번 왕복이 고작이다. 당일 배송 택배가 더 빠를지도 모르겠다.

어쨌든 학생이 보낸 메일 제목은 이랬다. '질문 있습니다.'

수업 때는 질문이 있냐고 물어도 아무도 손을 들지 않는다. 그런데 메일로는 몇몇 학생이 이따금 질문을 보내온다. 지난주 수업 내용에 대해서이려나? 화요일까지 마감인 리포트가 있으니 거기에 대해서일지도 모르지. 그럼 서둘러 답신해야겠다. 메일을 열어 보았다.

"리포트 분량은 몇 글자인가요?"

보낸 학생 이름은 스즈키.

요즘 학생들은 SNS에 익숙해서인지 메일도 용건만 간단히 짧게 쓴다. 내 상식으로 말하자면 먼저 '○○ 교수님께'라고 받는 사람을 쓴 다음, "교수님, 안녕하세요? △△ 수업을 듣는 □□라고 합니다. 바쁘신데 송구합니다만 수업에 대한 질문이 있어 메일 드립니다." 이렇게 인사말부터 적는 게 예의다. 그런데 또 생각해 보면 어차피 용건은 단 한 줄인데 앞뒤로 저렇게 문장을 많이 쓰면 비효율적인 것도 같다. 솔직히 읽는 것도 일이다.

아무리 그래도 한 줄은 좀 너무하지 않나. 전에는 학생들이 메일을 이런 식으로 보내면 일일이 메일 쓰는 법에 대해 설교하고는 했지만 지금은 아니다. 그런 메일이 워낙 많다 보니 익숙해졌다. 일일이 지도해 봤자 잔소리 많은 교수라고 평판만 나빠질 뿐이다. 리포트는 A4 한 장이라고 말했는데 글자 수까지 정해 줘야 하다니. 글자 수 같은 건 고민하지 말고 자유롭게 써 주면 좋겠지만 현실은 그렇지 않다. 글자 수를 정해 주면 또 딱 글자 수만큼만 써 온다. 그나마 질문이라도 하니 적극적이라고 해야 하나. 모범생인지 모범생이 아닌지도 잘 모르겠다.

왜 식물은 움직이지 않는가?

다음 메일. 이번에도 제목은 '질문 드립니다.'
내용은 이랬다.

"왜 식물은 움직이지 않는 걸까요?"

이번 메일도 본문은 단 한 줄이다. 보낸 학생의 이름은 구스노키(楠木. '녹나무'라는 뜻 ─옮긴이) 이건 또 웬 아닌 밤중에 홍두깨 같은 질문인가.

"왜 식물은 움직이지 않는 걸까요?"

식물이 왜 움직이지 않냐니. 아니, 너무나 당연한 걸 묻고 있다. 당연히 식물은 움직이지 않는다. 움직이지 않으니까 식물이다. 식물은 '심어진(植) 것(物)'이라는 뜻이다. 움직이면 그건 이미 식물이 아니라 동물이잖니!

식물이 움직이지 않는 까닭

식물이 움직이지 않아도 되는 까닭은 한마디로 말하자면 광합성을 하기 때문이다. 광합성이란, 태양 에너지를 사용해 이산화탄소와 물에서 에너지원이 되는 당분을 만들어 내는 시스템이다. 이 시스템 덕분에 식물은 햇빛만 있으면 에너지원을 만들 수 있다. 공기와 물만으로 스스로 에너지를 만들 수 있으니 움직일 필요가 없다. 오히려 움직이지 않고 가만있는 게 애써 만든 에너지를 아끼는 길이다. 그래서 식물은 움직이지 않는다.

한편 동물은 스스로 에너지를 만들어 낼 수 없기 때문에 먹이를 찾아다녀야 한다. 초식 동물은 식물을 찾고, 육식 동물은 사냥감이 될 초식 동물을 찾아다닌다. 그래서 동물은 움직여야만 한다.

독립 영양 생물과 종속 영양 생물

식물은 광합성을 하기 때문에 움직이지 않아도 된다. 그러면 '광합성'이란 무엇일까? 광합성이란, 이산화탄소와 물로 산소와 당을 만들어 내는 시스템이다. 이때 햇빛을 에너지로 이용한다. 태양광을 써서 당을 합성하기 때문에 '광합성'이라 부른다. 광합성은 '이산화탄소를 빨아들이고 산소를 뱉는' 과정이라 생각하기 쉬운데, 식물 입장에서는 다르다. 식물에 있어 광합성은 '태양 에너지를 써서 당을 만드는' 과정이다.

당은 생물이 살아가는 데 필요한 에너지원이 된다. 그래서 광합성은 태양 에너지를 흡수해 저장하는 데 필요한 배터리를 만드는 것과 같은 작업이다. 당이라는 배터리의 재료가 되는 게 이산화탄소와 물이고, 배터리를 만든 뒤에 남는 것이 산소다. 산소는 광합성 공장에서 나온, 외부에 배출되는 폐기물인 셈이다. 우리는 그걸 심호흡하며 맛있게 마신다. 이렇게 광합성을 하기 때문에 식물은 물과 영양을 흡수할 흙과 햇빛만 있으면 살아갈 수 있다. 다른 생물에 의지하지 않아도 살아갈 수 있기에 식물은 '독립 영양 생물'이라 불린다.

그렇지만 동물은 스스로 영양분을 만들 수가 없다. 초식 동물은 식물을 먹어 식물이 만든 영양분을 섭취한다. 육식 동물은 초식 동물을 먹어 영양을 취한다. 육식 동물이 섭취하는 영양도 거슬러 올라가면 결국 식물이 만든 것이다. 이처럼 동물은 다른 생물을 먹어야만 살 수 있다. 그래서 식물은 '독립 영양 생물,' 동물은 '종속 영양 생물'이라고 한다.

광합성이 얼마나 대단하냐면

현대의 우리는 고도의 과학 기술을 가졌지만 놀랍게도 광합성을 인위적으로 재현하지는 못한다. 광합성과 비슷한 인공 광합성의 개발이 진행되고는 있지만 식물의 잎이 너무나 당연하게 할 수 있는 광합성 반응을 완전히 재현하는 일은 현재 과학 기술로는 불가능하다. 인간의 과학이 식물의 잎 한 장을 넘어서지 못하는 것이다. 그런데 식물의 광합성도 온전히 스스로의 능력은 아니다.

먼 옛날 식물의 선조가 단순한 단세포 생물이었을 때 그 생물은 광합성을 하는 작은 단세포 생물을 흡수했고 둘은 공생하게 되었다. 이때 흡수된 작은 단세포 생물이 현재 식물 세포 안에서 광합성을 관장하는 엽록체인 것으로 여겨진다. 지금도 엽록체는 마치 독립된 생물처럼 식물 세포의 핵 안에 있는 DNA와는 다른 독자적인 DNA를 가지고 분열하며 증식한다. 이렇게 광합성을 하는 생물을 흡수함으로써 식물은 광합성을 할 수 있도록 진화해 왔다. 이것이 식물 광합성의 기원으로 알려져 있다.

그렇다면 이때 흡수된 작은 단세포 생물은 어떻게 광합성이 가능한 구조를 갖게 되었을까? 그 수수께끼는 아직 밝혀지지 않았다. 그런데 이 '광합성'이라는 구조는 이후 생명 진화의 역사에 커다란 영향을 끼치게 된다.

고대 지구에는 산소가 없었다

새삼스러운 얘기지만 식물이 지닌 시스템은 엄청나다. 우리가 살아가는 데 산소는 반드시 필요하지만, 사실 산소는 맹독이다. 산소는 모든 것을 산화시키고 녹슬게 한다. 철, 동 같은 단단한 금속조차 산소에 닿으면 녹슬어 부스러져 버릴 정도다.

금속도 부스러지는 마당에 생물의 몸을 구성하는 물질이 산소에 닿으면 산화되는 것은 당연하다. 산소는 우리에게 꼭 필요하지만 원래는 생명을 위협하는 독성을 지닌 물질인 것이다. 고대의 지구에는 산소라는 물질이 거의 존재하지 않았다. 그런데 27억 년 전 갑자기 산소라는 맹독이 지구상에 나타났다. 이를 '산소 대폭발 사건'이라고 한다.

사건의 원인은 바로 광합성을 하는 단세포 생물의 출현 때문이었다. 이 단세포 생물이 식물의 선조 자체는 아니지만 엽록체의 선조로 여겨진다. 광합성의 출현이 지구 환경에 미친 영향은 막대했다. 광합성은 산소를 폐기물로 배출한다. 광합성으로 배출되는 산소는 고대 지구에 있어 환경 오염이나 마찬가지였다.

금단의 산소를 손에 넣은 단세포 생물

산소는 생물에게 맹독이다. 실제로 산소가 출현함으로써 많은 단세포 생물이 멸종한 것으로 추정된다. 살아남은 몇 안 되는 단세포 생물은 땅속이나 바닷속처럼 산소가 없는 환경에 몸을 숨기고 조용히 살아가는 수밖에 없었다.

하지만 생명의 진화는 엄청났다. 마침내 산소의 독으로 죽지 않을뿐더러 산소를 체내에 빨아들여 생명 활동을 하는 생물이 등장했다. 비유하자면 위험한 방사능을 먹는 괴물 같은 존재다. 산소는 생물에게 위험한 물질이지만 폭발적인 에너지를 만드는 힘이 있다. 위험을 감수하며 이 금단의 산소를 손에 넣은 단세포 생물은 이제까지 없었던 엄청난 에너지를 만들어 낼 수 있게 되었다.

괴물에게 지배당한 행성, 지구

사실 작은 단세포 생물의 세계에도 강자가 약자를 먹이로 삼는 약육강식은 존재했을 것이다. 작은 단세포 생물을 큰 단세포 생물이 먹고, 그 단세포 생물을 그보다 더 큰 단세포 생물이 먹는 그런 세계 말이다. 지금도 아메바 같은 단세포 생물은 먹이가 되는 단세포 생물을 세포 안으로 흡수해 소화한다. 그런데 어느 날, 한 사건이 일어났다.

'산소 호흡'을 하는 작은 단세포 생물이 커다란 단세포 생물에게 먹혔다. 그런데 이 작은 단세포 생물이 소화되지 않고 그 세포 안에서 살아남았다. 그것이 현재 생물의 세포 안에서 산소 호흡을 통해 에너지를 만들어 내는 '미토콘드리아'라는 세포 내 기관의 기원으로 여겨진다. 이 미토콘드리아를 가진 단세포 생물은 이윽고 동물과 식물로 진화해 갔다. 그래서 동물 세포도 식물 세포도 미토콘드리아를 지니며, 모든 동물과 식물은 산소 호흡으로 살아가도록 되어 있다.

미토콘드리아는 이렇게 체내에 흡수한 것과 공생함으로써 탄생했다고 알려져 있다. 이것이 '세포 내 공생설'이다. 산소를 에너지로 바꾸는 괴물을 흡수함으로써, 그보다 더 큰 단세포 생물이 산소 호흡을 하는 괴물로 더욱 진화한 것이다. 이 괴물은 차츰 풍부한 산소를 이용해 튼튼한 콜라겐을 만들어 냈고 몸을 거대하게 만드는 데 성공했다. 그리고 다세포 생물로 진화해 갔다. 땅속과 바닷속에 숨어 지내던 선주민 단세포 생물들이 보기에 지구는 괴물들에게 지배당한 행성일지도 모른다.

식물의 선조인 단세포 생물은 광합성을 하는 다른 단세포 생물을 흡수했다. 이것이 엽록체의 기원이다. 이렇게 스스로 영양을 만들어 낼 수 있게 되면서 불필요한 움직임을 하지 않아도 되는 생물로 진화해 갔다.

커피를 한 모금 마셨다. 오늘 커피는 적당히 진하게 잘 내려졌다.

식물은 정말로 움직이지 않을까?

식물은 움직이지 않는다고 하지만 사실 전혀 움직이지 않는 것은 아니다. 예를 들어 함수초 같은 풀은 손을 대면 잎을 움직여 오므린다. 나팔꽃도 줄기를 둘둘 감아 지지할 곳을 찾아낸다. 식물도 전혀 움직이지 않는 것은 아니다. 함수초와 나팔꽃처럼 특이한 경우가 아니라도 식물은 광합성을 해야 하기 때문에 빛을 받기 위해 잎의 각도를 꾸준히 바꾼다. 고정 카메라 같은 것으로 관찰이 가능하다. 식물은 움직이지 않는 것처럼 보이지만 의외로 움직이고 있다.

동물은 어떨까? 동물은 '움직이는(動) 것(物)'이라는 뜻이지만 사실 움직이지 않는 동물도 있다. 말미잘이나 산호를 떠올려 보자. 말미잘은 촉수가 활발히 움직이지만 이동하지는 않고 식물처럼 바위에 딱 붙어 있다. 사실 말미잘도 이동이 가능하다. 말미잘의 몸에는 근육이 있어서 정착한 장소가 마음에 들지 않으면 몸을 움직여 다른 곳으로 이동한다.

그런데 산호는 어떨까? 산호는 전혀 움직이지 않는다. 실제로 산호는 오랫동안 해초의 일종으로 여겼다. 하지만 지금은 말미잘과 비슷한 동물로 분류된다. 산호는 석회질의 단단한 골격을 만들고 그 안에 본체가 있다. 말하자면 우리가 떠올리는 산호의 이미지는 조개껍질 같은 것이다. 산호의 단단한 골격 안에는 폴립이라는 작은 개체가 사는데 말미잘처럼 촉수를 뻗어 먹이를 먹는다. 촉수를 움직이기는 하지만 산호는 거의 움직이지 않는다. 나팔꽃 줄기가 훨씬 더 활발히 움직인다고 할 수 있을 정도다.

우리 인간은 동물이라서 항상 움직인다. 쉬는 날 종일 집에서 뒹굴거려도 잘 때는 몸을 뒤척이며 화장실도 가고 밥도 먹는다. 전혀 움직이지 않는 것은 아니다. 거기에 비하면 말미잘이나 산호는 거의 식물에 가깝다.

동물임에도 움직이지 않고 사는 것은 어떤 기분일까. '움직인다'는 것은 무엇일까.

움직이지 않는 동물들

말미잘과 산호는 겉보기에는 식물 같다. 그런데 움직이는 동물처럼 보이지만 움직이지 않는 것도 있다. 도롱이벌레를 예로 들어 보자. 도롱이벌레는 낙엽이나 마른 가지에 애벌레집을 만들고 그 안에 틀어박혀 산다. 그 모습이 마치 헐렁한 도롱이를 걸친 것 같다 해서 도롱이벌레라는 이름이 붙었다.

도롱이벌레는 주머니나방이라는 나방의 유충이다. 도롱이벌레는 애벌레집 안에서 번데기가 되고 성충이 된 뒤에야 집 밖으로 나온다. 그런데 애벌레집 밖으로 나오는 것은 수컷뿐이다. 암컷 도롱이벌레는 봄이 되어도 집 밖으로 나오지 않는다. 집 안에서 그대로 번데기가 되어 날개를 단 성충이 되는데, 그 뒤로도 집 안에 그대로 머물며 평생을 도롱이 속에서 지내다가 거기에 찾아온 수컷과 교미하고 집 안에서 알을 낳는다. 그렇게 도롱이벌레 암컷은 집 밖으로 나오지 않고 평생을 도롱이 속에서 보낸다.

유럽의 동굴에 사는 동굴도롱뇽은 개구리와 같은 양서류인데 어두운 동굴 안에서 거의 움직이지 않는다. 동굴 안에서는 천적을 피해 도망칠 필요가 없다. 쓸데없이 움직여 봤자 먹이를 발견할 가능성도 적다. 그래서 가만히, 움직이지 않고 배고픔을 참으며 먹잇감이 다가오기만을 기다린다. 동물이라고 해서 꼭 움직여야 하는 것은 아니다. 동물도 움직이는 게 더 이득일 때만 움직인다.

그렇다면 우리는 뭘 위해 움직이고 있는 것일까? 움직이지 않는 동물의 마음을 내가 알 수는 없다. 살려면 움직이지 않는 편이 낫다고 해도, 그래도 나는 아마 움직이고 싶을 것이다. 동물은 움직이기 때문에 동물이다. 그럼에도 움직이지 않는 생물은, 어떤 기분으로 매일을 살아가고 있을까.

식물은 인간의 상상을 뛰어넘는다

인간의 뇌는 상상력이 뛰어난 기관이다. 인류는 동서고금을 막론하고 풍부한 상상력을 동원해 다양한 괴물을 창조해 왔다.

눈이 세 개 달렸거나 목이 여러 개 있거나 무시무시한 뿔과 송곳니가 있는 요괴, 괴수, 우주 생물 등등. 그런데 안타깝게도 인간이 지닌 상상력의 한계는 거기까지다.

인간의 상상력을 뛰어넘는 괴물은 대체 어떤 모습일까?

우리 가까이에 있는 식물들은 그런 괴물들보다 모습도 생태도 훨씬 기묘하다. 일단 눈도 코도 입도 없고, 손발과 얼굴도 없다. 움직이지도 않고 먹이도 먹지 않으면서 햇빛만 가지고 에너지를 만들어 낸다. 인간의 상상력으로 식물보다 기묘한 생물을 만들 수 있을까? 식물은 정말로 기묘한 생물이다. 식물은 움직이지 않는다고도, 움직인다고도 할 수 있다. 정말 신기한 존재다. 심지어 '걷는 식물'도 있다.

소크라테아 엑소리자Socratea Exorrhiza라는 식물은 뿌리를 문어의 다리처럼 사용해 빛이 닿는 곳으로 이동할 수 있다. 이동 거리는 1년 동안 수십 센티미터 정도로 아주 느리지만 그래도 움직이는 것은 맞다. 참고로 소크라테아 엑소리자라는 이름은, 걸으면서 질문을 주고받곤 했던 고대 그리스의 철학자 소크라테스에서 따왔다.

아리스토텔레스의 식물

철학자 이야기가 나온 김에 이어 가 보자면, 고대 그리스의 철학자 아리스토텔레스는 식물이란 기묘한 존재를 이렇게 평했다.

"식물은 거꾸로 선 인간이다."

인간은 영양분을 상반신에 있는 입으로 섭취하지만, 식물은 하반신에 있는 뿌리로 섭취한다. 식물은 생식 기관인 꽃이 상반신에 있지만 인간은 생식 기관이 하반신에 있다. 머리를 지면에 박은 채 먹을 것을 얻고 머리로 몸을 지탱한다. 마치 머리만 숨기고 몸은 숨기지 않는 꿩처럼 하반신을 지면에 드러내 놓은 것이다. 그뿐인가. 인간이 '하반신'이라 부르는 생식 기관을 식물은 제일 눈에 띄는 데 드러내 놓았다. 식물은 동물과 정반대의 생물이니 우리가 식물의 삶을 이해하지 못하는 것은 당연하다면 당연한 일이다.

플라톤의 식물

아리스토텔레스의 '식물은 거꾸로 선 인간' 이야기는 여기서 끝나지 않는다. 아리스토텔레스의 스승 플라톤은 '인간은 거꾸로 선 식물'이라고 말했다. '식물은 거꾸로 선 인간'과 '인간은 거꾸로 선 식물' 두 말은 인간과 식물이 정반대의 존재라는 의미에서는 같은 말 같기도 하다. 그냥 주어만 바뀐 것처럼 보인다. 그런데 그게 또 그렇지가 않은 모양이다.

사물을 철학적으로 보는 방식은 '플라톤식'과 '아리스토텔레스식'으로 크게 양분된다고 한다. 플라톤은 이상주의자이며 관념론적인 사고를 하는 반면 아리스토텔레스는 현실주의자이자 경험론적인 사고로 대비된다. 그렇다면 위 두 표현은 어떻게 다를까? 플라톤은 '인간은'이라고 말한다. 즉, 플라톤에게 중요한 것은 '인간이란 무엇인가'이다. 한편 아리스토텔레스는 '식물은'이라고 말한다. 즉, 아리스토텔레스에게 중요한 것은 '식물이란 무엇인가'인 것이다.

진리가 신의 소유물이라 생각한 플라톤은 신의 진리 아래 '인간이란 무엇인가, 인간은 어떻게 살아야 할까'를 생각했다.

그런데 아리스토텔레스는 '진리는 눈앞의 물질이나 현상 안에 있다'고 여겼으며 이를 관찰함으로써 진리를 밝힐 수 있다고 생각했다. 아리스토텔레스의 방식은 현대 자연 과학 연구의 기초이기도 하다. 그것이 아리스토텔레스가 '모든 학문의 아버지'라 불리는 이유다.

월요일의 답변

그렇다면 '식물은 거꾸로 선 인간이다'와 '인간은 거꾸로 선 식물이다'는 전혀 다른 의미로 다가온다. 아리스토텔레스에게 식물은 관찰의 대상이었고, 식물의 뿌리는 인간의 입과 같은 역할을 하며, 꽃은 인간의 생식 기관에 해당한다는 비교 연구를 했다. 그런데 플라톤은 '인간은'이라는 질문에서 출발했다. 그래서 식물은 대지에 뿌리를 내리고 살아가지만 인간은 머리는 하늘과 더 가깝기 때문에, 지면에서 태어난 식물과는 반대로 '인간은 하늘에서부터 태어난 식물'이라고 말했다. 그러니 인간은 지상의 욕구를 쫓지 않고 하늘에 뿌리를 내려 숭고하게 살아야 한다고 주장한 것이다.

'식물은'과 '인간은' 이렇게 주어만 바꾸어도 생각이 정반대로 바뀐다. 꽤나 흥미로운 일이다. 식물을 주어로 삼아 인간과 비교하거나, 주어를 바꾸어 인간과 식물을 비교하는 것도 재미있는 발상일 듯하다.

그러고 보니 구스노키 학생의 질문도 '식물은'으로 시작했다. 그쪽이 자연 과학에 있어서는 당연한 발상이지만, 주어를 한번 바꿔 보면 어떨까. 인간의 입장에서 보면 식물은 꽤나 별난 생물이지만, 식물 입장에서 보면 인간도 상당히 별난 생물이지 않을까.

식물뿐만이 아니다. 예를 들어 새는 이렇게 질문할 것이다. "인간은 왜 날지 않나요?" 벌은 인간이 볼 수 없는 적외선을 볼 수 있으니 "인간은 왜 적외선을 못 보죠?"라고 물을지도 모른다. 인간은 날지 못해도 사는 데 지장이 없고, 적어도 나는 적외선이 보이지 않아 불편했던 적은 없다. 적외선이 보이면 참 좋겠다고 생각해 본 적도 없다. 날지 못하고 적외선을 못 봐도 어쨌든 나는 살아갈 수 있기 때문이다. 그거면 충분하다. 애초에 새나 벌이 그런 질문을 할 리도 없다. 다른 생물의 삶에 관심을 갖는 존재는 인간뿐이니까.

다 식은 커피를 마저 마시고 메일의 답신을 썼다.

> "움직이지 않는 식물은, 아마도 이렇게 질문하지 않을까요.
>
> '왜 동물은 꼭 움직이며 살아가야 하는 거죠?'"

Tuesday_____

식물과 동물은 무엇이 다른가?

화요일
Tuesday

학문은 '애초에'서부터 시작된다

월요일의 다음은? 당연히 화요일이다. 아직 한 주 초반에 불과하지만 사실 화요일은 꽤 힘들다. 수요일이 되면 한 주도 절반은 지난 느낌이고, 목요일과 금요일은 주말에 더 가깝다. 하지만 화요일은, 아직도 화요일이란 말인가! 싶은 절망감이 든다. 화요일 오후 수업은 학생들의 평판이 특히 나쁜데, 그러니까 그건 어디까지나 내 탓이 아니라 화요일이라서 그렇다.

컴퓨터 전원을 켜니 '질문 드립니다'는 제목의 메일이 또 와 있다. 구스노키가 보낸 메일이다.

"식물과 동물의 차이는 무엇일까요?"

무슨 뜻이지.

식물과 동물은 전혀 다른 존재다. 글자부터 다르다는 식의 유치한 답을 바란 건 아닐 테고. 식물과 동물은, 전혀 다르다. 비슷한 점이라곤 없는 존재다. 먼저 동물은 움직이지만 식물은 움직이지 않는다. 하지만 이 답은 너무 쉽다. 애초에 바로 어제 식물이 움직이지 않는 이유를 물었으니 이런 답을 듣고자 한 질문은 아닐 것이다. 이런 경우는 먼저 '애초에'의 차이를 분명히 해 보는 게 좋겠다.

먼저 정의부터 분명히 해 보자. 대학이라는 장소는 학문을 연구하는 곳인 만큼 언어의 정의를 매우 중시한다. '애초에'의 전제 조건이 다르면 논의가 처음부터 성립되지 않기 때문이다. 그래서 그 말이 어떤 의미인지를 먼저 정확히 파악할 필요가 있다. 그렇게 '애초에 그건 무슨 의미인가?', '애초에 그게 무엇인가?'에 집착하는 선생들 덕분에 교수 회의는 언제나 끝날 기미가 보이지 않는다. 대학이란 그런 곳이다.

커피를 한 모금 마셨다. 또 생각이 다른 데로 빠질 뻔했다.

먼저 정의를 조사해 보기로 하자.

자 그럼, 애초에 동물과 식물의 정의는 무엇일까?

식물의 정의

먼저 인터넷에서 '동물'에 대한 정의를 검색해 봤다. 동물이란……

'생물을 크게 둘로 구분할 때 식물과 반대되는 생물 구분.'

불길한 예감이 든다. 그럼 설마 식물은……?

'동물에 대비되는 생물 구분.'

아이고야……. 동물은 식물이 아닌 존재고 식물은 동물이 아닌 존재다……. 이래서야 아무런 설명이 안 되잖아. 게다가 이 정의는 정확하지 않다.

그 옛날, 모든 생물은 동물과 식물 단 두 갈래로만 나누어졌다. 이것은 고대 그리스의 철학자 아리스토텔레스가 제창하고 분류학의 아버지라 불리는 린네가 체계화한 2계설이다. 이 방식에 따르면 모든 생물은 동물과 식물로만 분류된다. 예컨대 이 분류에 따르면 버섯은 식물이고 푸른곰팡이도 식물이다. 대장

균 같은 균류, 유산균 같은 박테리아도 모두 식물에 포함된다.

내가 어릴 때 읽은 식물에 관한 책에서 제일 처음 등장한 것은 콜레라균이었다. 인간의 병원균도 식물로 분류되었던 것이다. 지나친 단순화일지 모르겠지만, 말하자면 2계설은 동물 외에는 모두 식물로 분류하는 방식이다.

분류의 어려움

두 가지로만 분류하면 애매한 점이 많기 때문에 최근의 주류는 5계설이다. 5계설은 동물과 식물 외에 버섯 같은 다세포인 균류, 대장균 같은 단세포인 진핵생물, 박테리아 같은 원핵생물 이렇게 다섯 가지로 분류한다.

이걸로도 부족하면 여섯 종류, 여덟 종류로 나누기도 한다. 똑같은 생물의 세계지만 분류하는 방식은 여러 가지다. 너무 적당주의 아닌가 싶을 수도 있겠지만 그렇지 않다. 분류란 애초에 그런 것이다. 분류는 자연계에 존재하는 법칙이 아니라, 인간이 정리하기 쉽게 스스로 세운 규칙이기 때문이다.

내가 사는 시즈오카현은 지리적으로는 일본에서 중부 지방으로 분류된다. 그런데 농업 분야에서는 간토(関東, 일본 동부) 농정국 관할이라 간토 지방으로 분류된다. 그런데 일기 예보나 고교 야구 지역 대회를 할 때는 도카이(東海, 동부 해안 지역) 지방으로 분류된다. 도카이 지방은 기후현, 아이치현, 미에현, 시즈오카현 이 네 개 현을 이른다. 나고야 경제권으로 묶은 도카이 3현이라는 분류법도 있는데, 여기에는 또 시즈오카현은 포함되지 않는다. 그런데 또 도카이 3현 중 미에현은 지리적 분류에서는 중부가 아니라 긴키(近畿, 일본 서부) 지방에 해당한다.

대체 어느 쪽이 맞나 싶지만 사람들이 제각기 정리하기 쉬운 쪽으로 선을 그은 것뿐이다. 그 분야에서는 그것이 가장 편리한 분류인 셈이다. 어디 어디라는 식으로 지역을 나누지만 그 경계 또한 인간이 멋대로 그은 선일 뿐이다. 자연계에는 경계의 안도 바깥도 존재하지 않는다. 분류라는 것은 인간이 자신들 입맛에 맞춰 멋대로 정한 규칙이다. 수학 공식이나 자연법칙처럼 자연계에 원래 존재하는 것이 아니므로, 조금 애매해도 쓰는 사람이 편하면 그걸로 족하다.

예를 들어 농업 분야에서 딸기와 멜론은 채소다. 재배 단계에서 다른 채소와 공통점이 많아 편의상 채소로 분류한다. 그런데 이 둘은 디저트용으로 많이 소비되기 때문에 유통과 판매에서는 과일로 분류된다. 분류란 그런 것이다.

동물과 식물은 무엇이 다를까?

그렇다고는 해도 식물과 동물은 명확히 다르다. 지역의 경계만큼 모호하지는 않다. 5계설, 8계설도 미생물의 분류가 다를 뿐 동물과 식물이 다르다는 대전제는 변함이 없다. 그러면 이 학생에게 동물과 식물의 차이를 어떻게 정리해서 설명하면 되려나. 제일 간단한 설명은 '동물은 움직이지만 식물은 움직이지 않는다'는 것이겠다. 다만 어제도 생각한 것처럼 식물도 움직인다면 움직인다고 할 수 있다. '식물은 움직이지 않는다'고 단정하기는 어려울 듯하다.

잘 알고 있어도 말로 정의하자면 좀처럼 쉽지 않은 것들이 있다. 예를 들어 고래와 돌고래는 어린아이라도 쉽게 구분할 수 있겠지만 그 둘의 차이를 설명하라고 하면 쉽게 답할 수 있을까? 분류학적으로도 고래와 돌고래는 몸집 차이로만 설명된다. 몸길이 4~5m 이하면 돌고래, 그보다 크면 고래, 즉 이 정의에 따르면 돌고래는 작은 고래, 고래는 큰 돌고래일 뿐이다. 고래와 돌고래는 전혀 다른 듯하지만 막상 정의하자면 명확한 구분이 어렵다. 실제로 거의 차이가 없다는 얘기다.

그렇다면 식물과 동물은 어떻게 정의 내릴 수 있을까. 고래와 돌고래라면 그래도 비슷하지만 식물과 동물은 외양부터가 전혀 다르다. 닮은 점이라고는 전혀 없다 할 수 있을 정도다. 고래와 돌고래처럼 생물 분류는 사실 애매한 부분이 많다. 하지만 식물과 동물의 차이는 명확하다.

식물과 동물의 결정적 차이

식물의 큰 특징 중 하나는 '광합성을 한다'는 것이다. 즉, 태양의 빛에너지를 이용해 에너지원을 만들 수 있다. 이는 식물과 동물을 구별하는 결정적 요인이다. 식물 세포와 동물 세포를 비교하면, 식물 세포 안에는 '엽록체'라는 세포 소기관이 있다. 이 엽록체가 광합성을 주관하는 기관이다. 엽록체의 유무는 식물 세포와 동물 세포를 구분 짓는 큰 특징이다. 아마도 이과 시험의 필수 기출 문제일 것이다.

이과 교과서에 실려 있을 식물 세포와 동물 세포의 큰 차이가 또 하나 있다. 동물의 세포는 세포막이라는 '막'으로 덮여 있지만, 식물의 세포는 세포막의 외부를 세포벽이라는 '벽'으로 둘러싸 세포를 더욱 단단하게 만든다. 교과서에는 '식물 세포에는 엽록체와 세포벽이 있다'고 나온다.

생물학은 외울 게 많아 암기 과목이라 불린다. 그런데 생각해 보자. 생물은 살아 있는 존재다. 교과서에 실린 모든 내용은 생물이 더 잘 살고 더 오래 살아남기 위한 스킬이다. 암기해야 할 내용에는 그들이 반드시 '살아남기 위한' 이유가 담겨 있다는 뜻이다. 예를 들어 엽록체는 광합성을 하기 위한 것이고, 식물은 광합성으로 영양분을 만들어 냄으로써 움직일 필요가 없어졌다. 그러면 식물 세포는 왜 세포벽을 갖게 되었을까?

식물 세포의 전략

식물의 선조는 원래 엽록체를 가진 단세포 생물이었다. 움직이고 돌아다니려면 세포가 작고 가벼울수록 유리할 것이다. 그런데 식물 세포는 돌아다닐 필요가 없으니, 세포가 클수록 더 많은 엽록소를 품고 더 많은 빛을 쬐어 영양분을 더 많이 만들 수 있다. 그러니 세포가 크면 클수록 좋다.

세포를 크게 만들려면 세포 주위를 단단한 벽으로 둘러싸는 게 몸을 더 안정적으로 유지할 수 있을 것이다. 생물은 진화에 따라 이윽고 단일 세포로서의 한계를 느끼고 많은 세포가 모여 커다란 몸을 만들게 되었다. 그것이 다세포 생물이다. 단세포 생물이었던 동물의 선조도 다세포 생물로 진화했다. 하지만 다세포의 커다란 몸으로 움직이고 돌아다녀야 하는데 세포 주변을 벽으로 두르고 있으면 움직이기가 힘들다.

한편 다세포 생물이 된 식물도 점점 더 세포를 쌓아 몸을 키워 나갔다. 식물은 몸집을 키우고 키가 커질수록 빛을 많이 받을 수 있으니 점점 더 커지게 된다. 이때 세포가 너무 부드러우면 쌓아 올리기가 힘들다. 그래서 세포벽으로 세포를 단단히 보강함으로써 블록을 쌓듯이 세포를 쌓아 올려 몸집을 키울 수 있게 된 것이다. 즉, 식물은 아무런 이유 없이 '세포벽'을 갖게 된 것이 아니다. 나름의 확실한 이유가 있어서 전략적으로 획득한 것이다. 식물 세포라고 하면 움직이지 않고 눈에 띄지 않는 존재 같지만, 그들의 삶은 더없이 역동적이다.

'이렇게 재미있는데 왜 암기 과목이라고들 할까.'

창밖을 바라보았다.

중정에 있는 커다란 나무의 가지 끝 잎이 흔들리고 있다. 동물은 이런 나무만큼 커질 수 없다. 식물이 거목이 될 수 있는 것은 세포벽 덕분이라 할 수 있다.

'엽록체가 있어야 식물'이란 건 정말일까?

"식물과 동물의 차이는 세포에 엽록체가 있는지 여부에 따릅니다."

메일의 답장을 이렇게 쓰려다가 나는 잠시 멈칫했다. 또 다른 생각이 떠올랐다. 동물 중에도 엽록체를 가진 경우가 있다는 사실이다. 우미우시는 바다에 사는 민달팽이 같은 생물이다. 촉각이 소의 뿔과 닮았다 해서 우미우시(海牛, 바다의 소라는 뜻. 학명은 Chromodoris lochi로 바다민달팽이다. 한국어에서 '해우海牛'는 듀공이나 매너티 같은 포유류를 가리킨다. −옮긴이)라는 이름이 붙었다. 이 우미우시의 동족들은 엽록체가 있어서 광합성을 하기도 한다. 동물인데 광합성을 하다니 꽤나 기묘한 생물이다. 우미우시는 동물이므로 동물 세포로 이루어져 있다. 원래는 엽록체가 없어야 맞다. 그런데 우미우시는 먹이에서 엽록체를 얻는다. 해조류를 먹고, 해조류에 포함된 엽록체를 체내에 흡수한다. 여기까지는 인간과 다를 바가 없다.

사람도 채소 같은 식물을 먹는다. 잎채소인 양배추나 시금치 등 식물의 잎을 먹고 그 잎에 포함된 엽록체를 체내에 흡수한다. 물론 잎을 먹었다고 우리가 광합성을 하게 되는 것은 아니고, 체내에 흡수된 엽록체는 소화 기관을 거치는 동안 소화되거나 분해되어 버린다. 그래서 아무리 잎을 많이 먹어도 사람이 광합성을 할 수 있게 되지는 않는다.

우미우시와 녹색 아메바

그런데 우미우시와 그 동족들은 먹이와 함께 먹은 엽록체를 세포 안으로 흡수하고, 그대로 세포 속 엽록체가 광합성을 하게 함으로써 양분을 얻는다. 이 우미우시의 동족들은 동물이면서도 광합성을 하는 셈이다.

또 다른 예도 있다. 녹색 아메바라는 아메바의 한 종류는 체내에 클로렐라라는 해조류를 그대로 흡수하고, 광합성을 하는 클로렐라와 공생함으로써 양분을 얻는다. 녹색 아메바는 이름 그대로 녹색을 띠는데, 그것은 몸속에 엽록체를 가진 클로렐라가 들어 있기 때문이다.

식물은 원래 세포 속에 엽록체를 갖고 있다. 그런데 먹이를 통해 엽록체를 얻거나 광합성을 하는 해조류를 체내에 흡수해 양분을 얻는 우미우시와 아메바는 어쩐지 좀 얌체 같다. 우미우시나 아메바가 엽록체를 가졌다고 할 수 있을까? 둘은 역시 식물과는 다르지 않을까? 다를지도 모른다. 다르고말고. 아니지, 그래도 조금 더 생각해 보자. 월요일에도 생각했지만 식물도 처음부터 엽록체를 가졌던 건 아니다. 우미우시나 아메바와 마찬가지로 나중에야 엽록체를 흡수했던 것이다.

모든 생물의 공통 조상 루카LUCA

엽록체를 지닌 식물의 탄생에 대해 되짚어 보자. 그 옛날 지구에 생명이 태어난 것은 약 38억 년 전으로 추정된다. 처음에 작은 원시 생명체가 태어났고 그 생명체가 기원이 되어 지금 지구에 존재하는 모든 생물로 진화했다고 알려져 있다. 지구라는 행성에 최초로 태어난 생명체를 '루카LUCA'라고 부른다. 'Last Universal Common Ancestor'의 약자이며, '모든 생물의 공통 조상'이라 번역한다.

생명의 탄생은 수수께끼에 싸여 있다. 물론 생명의 탄생 같은 기적적인 우연이 그리 자주 일어나지는 않을 것이다. 지구상 모든 생물의 조상은 이 루카의 탄생에서 비롯된 것으로 여겨진다. 원시 생명체가 진화를 이루면서 지구는 점차 생명이 넘치는 행성으로 바뀌어 갔다.

시아노 박테리아의 존재

이윽고 '산소 호흡'을 하는 작은 단세포 생물이 탄생했고, 이 작은 단세포 생물은 큰 단세포 생물에 흡수되었다. 이것이 동물 세포와 식물 세포 속에서 산소 호흡으로 에너지를 만들어 내는 미토콘드리아라는 세포 내 기관의 기원이다. 이후 식물의 조상이 되는 단세포 생물은 광합성을 하는 작은 단세포 생물을 흡수해 공생하게 되었다. 그 작은 단세포 생물이 바로 식물 세포 속에서 광합성을 관장하는 엽록체의 기원이다.

광합성을 하는 작은 단세포 생물은 지금도 존재하며 시아노 박테리아라 불린다. 즉, 시아노 박테리아와 공생을 이룬 단세포 생물이 식물로 진화한 것이다. 이렇게 식물과 동물은 기원이 명확히 다르다. 단지 시아노 박테리아를 체내에 흡수했는지 하지 않았는지 차이만으로 식물과 동물이 나뉘는 것이다. 하지만 광합성을 하는 생물을 흡수했다는 점은 우미우시도 마찬가지가 아닌가.

생각해 보면 시아노 박테리아를 체내에 흡수했는지 여부로 식물과 동물을 구분하는 것도 납득되지 않는다. 다른 생물의 체내에 흡수되어도 시아노 박테리아는 여전히 독립된 생물이다. 시아노 박테리아가 체내에 있든 없든 큰 차이는 없다. 예를 들어 앞서 소개한 우미우시의 동족은 먹이와 함께 엽록체를 흡수한다. 그런데 엽록체를 먹은 우미우시와 먹지 않은 우미우시가 크게 다른가 하면 그렇지는 않다. 어차피 같은 우미우시의 동족이다. 실제로 엽록체를 먹은 우미우시도 흡수를 멈추면 엽록체는 체내에서 사라진다. 애초에 그저 다른 먹이를 먹었다고 해서 종이 바뀐다는 것도 이상한 얘기다.

아무도 모르는 미스터리

~

그렇다면 이런 예는 어떨까. 예를 들어 무좀은 무좀균에 감염되어 생긴다. 그럼 우리가 무좀균에 감염되면 다른 생물이 되어 버리는 것일까? 또 야쿠르트에는 '유산균 시로타주(일본의 의학자 시로타 미노루가 개발한 것으로 락토바실루스 카세이 시로타Lactobacillus casei strain Shirota 균이 정식 명칭이며 흔히 '야쿠르트 균'이라 부른다. −옮긴이)'가 들어 있다. 그렇다면 야쿠르트를 마시고 야쿠르트균이 장내 세포로 정착하게 되면 우리는 다른 생물이 되어 버리고 마는 것인가?

시아노 박테리아가 세포 내에 공생한다 해도 그것은 시아노 박테리아와 공생하는 단세포 생물과, 공생하고 있지 않은 단세포 생물의 차이일 뿐이다. 식물과 동물의 기원이 명확히 다르다고 할 정도로 엄청난 차이가 아님에는 틀림없다.

그렇다면 식물과 동물은 어떻게 나뉘게 된 것일까. 그리고 식물의 조상은 언제부터 식물이 되었을까. 수십억 년도 전의 이야기다. 아무도 알 수 없다. 식물과 동물은 다른 듯 보이지만 언제 어떻게 분리되었는지는 명확히 밝혀져 있지 않다.

진화의 신비

식물의 기원에 비하면 우리 포유류의 진화는 아주 명쾌하다. 포유류는 원래 작은 쥐 같은 존재였다. 그 공통 조상종에서 다양한 포유류로 진화를 거듭했다. 우리 인류도 그 진화의 첨단에 있다. 인류는 원숭이의 동족에서 진화했다고 알려져 있지만, 인류는 원숭이의 동족이라 하기엔 너무 다른 진화를 거쳐 왔다. 이 정도의 과학 문명을 발전시키고 문자와 언어를 활용하고 있다. 인류란 정말로 특별한 존재다.

그렇다면 인류는 언제 다른 생물에서 분리되어 나온 것일까. 인류의 조상은 약 500만~300만 년 전에 아프리카에서 탄생했다고 하는데, 그동안 대체 어떤 드라마가 있었던 것일까. 다양한 화석이 발견되고 인류사의 연구가 진전되고 있지만, 나는 그저 그 오랜 옛날을 상상해 볼 뿐이다.

커피잔을 다시 들었다.

그런데 생각하니 이것도 조금 이상하다. 인류가 원숭이에서 진화했다지만 어느 날 갑자기 어미 원숭이에게서 인간 아기가 태어났다는 말인가. 절대 그럴 리가 없다. 원숭이에게서는 원숭이가 태어나고, 인간은 인간에게서 태어나는 게 당연하다. 그렇다면 원숭이와 인간의 경계는 어디에 있는 것일까.

생물의 진화는 극적으로 일어나는 것이 아니라 조금씩 변화해 간다고 알려져 있다. 예를 들어 기린의 조상은 원래 목이 짧았다. 그런데 그 조상들 가운데 다른 기린들보다 조금 목이 더 긴 특이한 기린이 나타났다. 그리고 그 특이한 기린의 자손 중에 또 조금 더 목이 긴 개체가 나타났다. 이런 작은 차이가 축적되면서 긴 세월 끝에 '기린'이라는 목이 긴 생물이 탄생한 것이다. 다만 그렇다면, 목이 짧은 기린의 조상과 목이 긴 기린 사이에는 명확한 경계가 없다는 얘기가 된다.

화요일의 답변

우리는 강을 상류, 중류, 하류로 나누지만 사실 강은 상류에서 하류로 끊임없이 흐르기 때문에 실제로 상중하의 명확한 경계는 없다. 상류와 하류라고 하면 차이가 뚜렷해 보이지만 명확한 경계선은 없는 것이다.

내 연구실 창에서는 중정 너머 멀리 후지산이 보인다. 그런데 후지산은 어디까지가 후지산일까. 후지산과 후지산이 아닌 곳을 가르는 명확한 구분은 없다. 산자락은 넓게 펼쳐져 있고 지면은 끝없이 이어져 있다. 아무런 경계 없이 어디까지고 이어져 있다고 한다면, 후지산을 멀리서 바라볼 수 있는 이곳도 어쩌면 후지산이라 할 수 있지 않을까.

후지산은 산자락 어디부터 어디까지를 가리키는 것일까?

아프리카의 킬리만자로도 어디부터 어디까지가 킬리만자로라는 명확한 경계는 없다. 그리고 아프리카에서 이곳까지도 땅은 연결되어 있다. 그렇다면 내 연구실이 있는 이 장소도 킬리만자로라 할 수 있을까. 일본은 섬나라니까 바다로 가로막혀 있다고 생각할 수도 있지만, 해저는 연결되어 있으니 말이다. 혹 바다가 경계라고 한다면, 육지가 이어져 있는 한반도까지가 킬리만자로고 일본 열도는 킬리만자로가 아니라고 해야할까. 후지산과 킬리만자로의 구분이 어렵다면 원숭이와 인간의 구분도 어렵기는 마찬가지다.

그뿐인가. 동물과 식물의 구분도 명확하지 않다. 후지산과

킬리만자로처럼 겉보기에는 완전히 달라도 경계를 뚜렷하게
정의할 수가 없는 것이다. 사실은 아무 경계도 존재하지 않는
데, 우리 인간이 멋대로 경계를 나누고 있는 것은 아닐까.

다 식어 버린 커피를 마저 마셨다.

'Re: 질문 드립니다.'
답신을 쓰기 시작했다.

"동물과 식물의 차이는 알 수 없습니다. 동물과 식물의
차이는커녕 인간과 식물의 차이조차 잘 모르겠네요.
식물들은 우리 인간을 보며 이렇게 생각하지 않을까요.
컴퓨터를 다루는 참 별난 원숭이가 다 있네,
하고 말이에요."

Wednesday_____

풀이란 무엇인가?

수요일
Wednesday

풀의 속도

수요일은 가장 바쁜 요일이다. 오전 오후로 강의가 두 개나 있다. 그래도 수요일만 넘기면 주말이 바짝 가까워진다. 그래서 수요일은 조금 더 힘을 내 본다.

"풀이란 뭘까요?"

오늘 아침 구스노키가 보낸 메일이다. 어째 질문 수준이 점점 떨어지는 것 같은데……. 그리고 매일같이 굳이 메일로 질

문을 보내는 것도 이상하다. 강의를 듣는다면 수업 중에 물어

보면 될 일이다. 수업과 관련된 게 아니라 개인적인 질문인 걸

까. 아무리 그래도 대학생이 하는 질문 수준이 이렇게 단순하

다니. 대체 뭐가 궁금한 건지 내가 묻고 싶을 정도다.

'ㅋㅋㅋㅋ'와 비슷한 표현은 일본어에서 '笑(웃음, 笑의 영문 발

음 표기는 [warai] −옮긴이)' 정도인데 요즘에는 웃음을 '草(풀)

이라 쓴다고 한다. 웃음의 영문 발음 표기 첫 글자 w를 여러 번

겹쳐 www라고 쓰면 풀이 난 모습과 비슷해서 '웃음'을 '풀草',

'웃었다'는 '풀이 났다'고 한단다.

설마 이 녀석이 나를 시험하고 있는 걸까. 내가 아무리 젊은

사람들 말을 모른다고 해도 이 정도는 알지. 이래 봬도 식물학

자라고. 컴퓨터 자판으로는 한자 변환이 번거로워 'w'로 생략

하게 되었고, 'wwwww'로 w를 여러 번 입력할수록 얼마나

웃긴지를 표현할 수 있어서 이런 표기가 유행하게 되었다고 한

다. 그런데 스마트폰으로 쓸 때는 영어로 변환해서 w를 치는

것보다 일본어 입력 모드 그대로 '풀草'을 치는 게 더 빠르다.

그래서 그쪽이 더 자주 쓰이게 되었다는 얘기다.

흥미롭기 짝이 없다. 왜냐하면 풀이야말로 스피드를 추구한

궁극의 형태이기 때문이다. 풀은 나무와 대비된다. 전문적 용어로 풀은 '초본 식물'이라 하고, 나무는 '목본 식물'이라고 한다.

그러면 풀과 나무는 어느 쪽이 더 진화한 형태일까?

풀과 나무, 의외의 관계

나무는 복잡하게 가지를 뻗고 줄기를 굵게 키우며 크게 성장한다. 그에 비하면 풀은 단순한 형태라 1년 또는 몇 년이면 말라 버린다. 일반적으로 진화는 단순한 쪽에서 복잡한 쪽으로 변화한다. 예를 들어 단순한 단세포 생물은 복잡한 다세포 생물이 된다. 목이 짧았던 기린의 선조는 목이 긴 기린이 되었고, 기껏해야 개 정도 크기였던 조그마한 생물은 말로 진화했다. 그렇게 생각하면 작고 단순한 풀보다 크고 복잡한 나무쪽이 더 진화한 것처럼 보인다.

그런데 실제로는 그 반대다. 풀이 나무보다 훨씬 진화한 형태이다. 나무에서 풀로 진화한 것이다.

겉씨식물과 속씨식물

생물의 큰 진화의 흐름은 대부분 단순한 단세포 생물에서 복잡한 다세포 생물이 탄생하는 데서 시작한다. 식물도 마찬가지다. 물에서 떠돌던 단순한 해조류가 지상으로 진출했을 당시에는 이끼처럼 뿌리와 줄기의 구분도 확실치 않은 단순한 식물이었다. 그런데 이후 양치식물로 진화하자 순식간에 수십 미터 높이의 거목이 되었고, 양치식물에서 더욱 진화한 겉씨식물도 거대한 나무가 되어 숲을 이뤘다.

빛을 받으려면 키가 클수록 유리하다. 빛을 쫓아 경쟁하다 보니 갈수록 키가 커졌다. 거기에 거대한 초식 공룡이 등장하는 바람에 쉬이 먹잇감이 되지 않도록 식물도 그에 맞춰 더욱 커졌다. 이렇게 식물은 거대한 나무로 진화해 갔다. 그러다 어떤 사건이 일어났다. 속씨식물의 등장이다.

겉씨식물과 속씨식물은 글자 하나 차이일 뿐이지만 의미는 엄청나게 다르다. '겉'은 아무것도 덧씌우지 않고 드러내는 것, '속'은 안으로 숨긴다는 의미이기 때문이다. 교과서를 보면 겉씨식물은 '밑씨가 겉으로 드러나 있는 식물', 속씨식물은 '밑씨가 씨방에 둘러싸여 있는 식물'이라 되어 있다. 겉씨식물은 밑씨가 드러나 있으니 '겉'이라는 이름이 붙고, 속씨식물은 안에 감싸여 있으니 '속'이라는 이름이 붙은 것이다. 중학교 이과 수업에서 이 이야기를 처음 들었을 때는, 밑씨가 드러나 있는지 아닌지가 뭐 그리 대단한 차이인지 이해되지 않았다. 어느 쪽이든 상관없지 않나 싶었던 것 같다.

요즘 입시에서는 사고 능력을 묻는 문제가 많다고들 하지만 생물은 대체로 암기 과목이라 여긴다. 이과 과목 가운데서도 외워야 할 용어가 많고 용어 자체를 묻는 문제도 많기 때문이다. 그런데 이 용어들은 학자들이 제멋대로 붙인 이름일 뿐이다. 용어가 있든 없든 생물은 그저 살아 있고 활발히 생명 활동을 한다.

생물이 지닌 다양한 삶의 방식에는 반드시 살아남는 데 필요한 의미가 있다. 그리고 우리 인간 또한 그런 생명 활동을 하는 하나의 생물에 불과하다. 생물학이 재미있는 이유는 바로 거기에 있다. 식물이 겉씨식물에서 속씨식물로 진화한 일은 혁명적인 대사건이자, 속도의 시대에 살아남기 위한 획기적인 '혁신'이었다.

속씨식물이 혁명적인 이유는?

식물은 씨앗의 원천인 밑씨가 매우 중요하다. 겉씨식물은 그 밑씨가 겉으로 드러나 있다. 그렇다고 성숙한 밑씨를 비바람에 드러내 놓을 수는 없다. 그래서 겉씨식물은 꽃가루가 날아와 닿은 것을 확인한 후 이윽고 밑씨를 성숙시켜 수정할 준비를 시작한다. 그런데 속씨식물은 다르다. 밑씨를 씨방 안에 소중히 지키고 있다. 그래서 속씨식물은 화분이 날아오기 전에 미리 배아를 성숙시켜 씨방 안에 준비해 두고, 꽃가루가 날아오면 곧바로 수정해 씨앗을 만들 수 있다.

강의에서 나는 이걸 역사가 오래된 장어요리 집과 패스트푸드점에 비유하곤 한다. 장어요리 집은 주문이 들어오고 나서 장어를 손질하기 때문에 음식이 완성되기까지 시간이 걸린다. 마치 겉씨식물 같다. 그런데 패스트푸드점은 재료를 미리 다 준비해 두기 때문에 손님이 오자마자 곧바로 음식을 내놓을 수 있다. 꽃가루가 날아오면 바로 씨앗을 만들 수 있는 속씨식물처럼 말이다. 미리 준비해 놓는 만큼 시간을 절약할 수 있다. 그야말로 패스트푸드점 같은 속도다.

실제로 겉씨식물이 꽃가루와 닿아 수정하기까지 몇 달에서 일 년 이상이 걸리는 데 비해 속씨식물은 늦어도 며칠이면 수정이 가능하다. 빠르면 몇 시간 만에 수정이 끝나기도 한다. 경이로울 정도로 속도를 개선해 낸 것이다. 이것이 속씨식물이 혁명적인 이유다. 이렇게 혁명을 이뤄 낸 속씨식물은 차례로 씨앗을 만들어 세대교체를 해 나갔다. 생물은 부모에서 자녀로, 자녀에서 손자로 세대교체를 거듭하는 과정을 거쳐 진화해 간다. 즉, 세대교체를 단기간에 이룰수록 그만큼 짧은 기간에 진화가 이루어진다. 이렇게 세대교체 속도를 높임으로써 식물의 진화도 빠르게 진전된 것이다.

그리고 식물은 작은 풀로 진화했다

어째서 그렇게 진화가 빠르게 이루어져야만 했을까? 그것은 그 시대 환경의 영향으로 추측된다. 속씨식물이 출현한 시기는 백악기 말기로 추정한다. 공룡 시대의 마지막 시기다. 이 시대에는 그때까지 지구상에 하나뿐이었던 대륙이 맨틀 대류로 분열되어 이동하기 시작했다. 그리고 분열된 대륙끼리 충돌해

부딪혀 뒤틀린 부분이 융기되어 산맥을 형성했다. 산맥에 부딪힌 바람은 구름이 되었고 비가 내리게 되었다. 이렇게 지각 변동이 일어남으로써 기후도 바뀌고 불안정해졌다. '변화의 시대'가 온 것이다.

식물은 이 변화의 시대에 대응하기 위해 속도가 빠른 속씨식물로 진화를 이뤄 낸 것이다. 그리고 속씨식물이 출현함으로써 식물의 진화는 더욱 가속화되었다. 속씨식물은 진화하는 과정에서 꽃잎을 지닌 아름다운 '꽃'을 갖게 된다. 식물이 아름다운 꽃을 피워 다양한 곤충이 모여드는 것은 당연한 일 같지만 그렇지 않다.

겉씨식물의 꽃가루는 바람을 타고 이동한다. 그래서 겉씨식물의 꽃은 아름다울 필요가 없다. 그저 바람에 날릴 수만 있으면 된다. 하지만 바람에 맡기면 수분의 정확도가 떨어진다. 그런데 곤충이 꽃에서 꽃으로 화분을 옮겨 주면 꽃가루가 확실하게 도달할 수 있다. 그래서 속씨식물은 아름다운 꽃을 피우도록 진화한 것이다. 그런데 속씨식물의 진화는 이것으로 끝나지 않았다. 바로 '풀'로의 진화다.

나무는 크게 자라기까지 몇 년이 걸리기 때문에 환경 변화에 빠르게 적응하기 어렵다. 그래서 단기간에 자손을 남기는 풀로 진화함으로써 속도를 더욱 높였다. 단순하고 작은 것에서 복잡하고 크게 바뀌는 것을 진화라 여기기 쉽지만, 크고 복잡해지는 것만이 진화는 아니다.

더 작고, 더 단순하게 바뀌는 진화도 있다. 예를 들어 뱀은 원래 네 발 동물이었지만 좁은 공간이나 흙 속에서 자유롭게 움직이기 위해 다리가 퇴화되었다. 이것도 진화다. 인간의 선조였던 원숭이에게는 꼬리가 있었던 것으로 추정되지만 지금은 꼬리 흔적인 미저골이라는 뼈만 남고 꼬리는 없어졌다. 이 또한 진화이다. 그리고 식물은 커다란 나무에서 작은 풀로 진화를 이루어 냈다.

왜 장수가 아닌 짧은 생을 택했을까?

'아무리 그래도 천 년을 살 수 있는데 1년 만에 죽는 쪽을 택하다니……'

창밖을 바라보았다. 중정에 있는 큰 나무의 가지가 흔들리고 있었다. 나무의 수명은 길다. 큰 나무는 수령이 천 년이 넘기도 한다. 나무는 장수하는 식물이지만 풀의 생명은 짧다. 봄에 싹을 틔우고 가을이 되면 시들어서 대부분 1년으로 생을 마감한다. 그런데 신기하게도 식물은 천 년의 삶 대신 1년 아니면 길어야 몇 년 만에 시들어 버리는 생명으로 진화한 것이다.

'나라면 틀림없이 천 년을 사는 쪽을 택했을 텐데.'

나는 죽고 싶지 않다. 가능하면 오래 살고 싶다. 커피를 한 모금 마셨다. 조금 식으니 쌉쌀한 맛이 더 잘 느껴진다.

모든 생물은 죽고 싶지 않고 조금이라도 오래 살기를 간절히 바라지만 언젠가는 죽는다. 그렇다면 식물은 어떨까. 원한다면 천 년을 살 수 있는데도 식물은 왜 굳이 1년 만에 시들어 버리는 '짧은 생'으로 진화했을까? 정말로 신기한 일이다.

누구나 오래 살고 싶어 하는데 왜 식물은 짧은 생명으로 진화한 것일까.

식물이 손에 넣은 '확실성'

사람의 인생은 마라톤에 비유되곤 한다. 다른 생물들도 마찬가지다. 만일 1천 킬로미터를 뛰어야 한다면 어떨까. 말도 안 되는 거리로 느껴질 것이다. 생물에게 주어진 사명은 다음 세대에 바통을 넘기는 릴레이와도 같다. 바통을 넘길 상대가 1천 킬로미터 너머에 있다면 얼마나 힘들게 느껴질까. 게다가 '삶'이라는 경주는 쉽고 평탄한 길을 달리는 게 아니다. 산 넘고 물을 건너 장애물이 잔뜩 기다린다. 그나마 병원이 있고 약이 있고 천적의 위협도 없는 인간과 달리 자연계에서 살아가는 생물들은 언제 아플지 모르고 언제 천적이 덮쳐 목숨을 빼앗길지 모른다.

생명의 바통을 무사히 다음 세대에 건네는 일은 쉽지 않다. 그런데 1천 킬로미터가 아니라 풀코스 마라톤 42.195킬로미터라면? 하긴 그것도 코스가 얼마나 험난한지에 달렸다. 그럼 100미터 달리기라면 어떨까. 100미터 정도면 어떻게든 죽을 힘을 다해 뛰어 볼 수도 있다. 20미터라면? 더더욱 용기가 생긴다. 조금 장애물이 있어도 20미터까지는 어떻게든 확실히 바통을 넘겨줄 수 있을 것 같다.

식물도 마찬가지다. 아무리 천 년을 살 수 있다 해도 천 년이란 수명을 온전히 누리기는 쉽지 않다. 그렇지만 1년이라면 다음 세대에 바통을 넘겨줄 수 있다. 이렇게 식물은 수명을 줄임으로써 쉬지 않고 바통을 넘길 수 있게 진화한 것이다.

모든 생물은 죽고 싶지 않다

'끝이 있는 짧은 생을 택한 것이로구나.'

커피를 다시 한 모금 마셨다. 식은 커피의 쌉싸름함이 입안에 감돈다. 하지만 나는 이 맛을 싫어하지 않는다. 커피의 쓴맛은 카페인이라는 물질에서 나온다. 카페인은 커피나 차에 들어 있고 쓴맛을 내는데, 원래는 병원균이나 해충으로부터 몸을 지키기 위해 식물이 스스로 만들어 낸 물질이다. 커피는 커피나무의 종자로 만들고 차는 차나무 잎으로 만든다. 커피나무와 차나무는 병원균과 해충으로부터 스스로를 지키기 위해 카페인을 만들어 냈다.

카페인뿐만이 아니다. 식물은 움직이지 못하기 때문에 병원균과 해충으로부터 스스로를 지키고자 다양한 화학 물질을 만든다. 식물도 살아남기 위해 필사적이었던 것이다.

'짧은 생을 택했어도, 결국에는 오래 살고 싶었던 걸까……?'

하지만 그것은 식물뿐만 아니라 동물도 마찬가지다. 모든 생물은 죽고 싶지 않다. 동물은 먹이를 찾아 헤매고 적이 덮쳐 오면 필사적으로 도망친다. 생물이 이렇게나 열심히 살아남고 자 하는 것은 죽고 싶지 않아서다.

그렇지만 모든 생물은 정해진 수명이 있다. 다음 세대에 바통을 넘겨주어야 하기 때문이다. 생물은 생과 사를 거듭하며 생명의 바통을 이어 간다. 생물은, 영원히 존속하기 위해 기한이 있는 생명을 갖게 된 것이다.

수요일의 답변

아직도 남은 의문이 있다. 풀은 가장 진화한 형태이고, 천 년을 살 수 있는 나무는 오히려 구식인 형태다. 그런데 왜 구식인 '나무'가 여전히 존재하는 것일까? 모든 오래된 생물이 공룡처럼 멸종하지는 않는다. 예를 들어 식물은 물속에 떠다니는 해조류 비슷한 것에서 이끼 식물로 진화해 양치 식물, 겉씨식물, 속씨식물로 진화했다고 교과서에서 배웠다. 그런데 해조류와 이끼 식물은 지금도 존재한다.

마찬가지로 우리 척추동물도 어류에서 양서류, 파충류로 진화해 조류, 포유류로 진화했다고 배웠지만, 구식인 어류, 양서류도 멸종하지 않았다. 물고기는 물고기대로 양서류는 양서류 나름으로 진화를 거듭하고 있다.

뭐든 다 새롭다고 좋은 것은 아니다. 식물도 이끼 식물에서 양치식물로 진화한 경우가 있는가 하면, 이끼 식물인 채로 진화하는 경우도 있다. 그렇게 현대에는 다양한 식물이 공존하게 되었다.

나무와 풀도 마찬가지다. 진화 과정을 생각하면 나무보다 풀이 새로운 시스템이긴 하지만 그렇다고 나무가 뒤떨어진다는 것은 아니다. 변화가 큰 환경에서는 속도를 중시한 풀이 더 유리할 수 있지만, 안정적인 환경이라면 경쟁력이 뛰어난 나무가 생존에 더 적합하다. 풀은 풀에 맞는 환경이 있고, 나무는 나무에 맞는 환경이 있다는 얘기다.

완전히 식어 버린 커피를 마저 마셨다.

그렇다면 오래 살거나 짧게 사는 것 모두 생물의 전략일 뿐이다. 우리 동물도 짧은 생을 살기도, 긴 생을 살기도 한다. 그 수명 또한 생물의 전략인 셈이다.

'Re: 질문 드립니다.'

답신을 썼다.

"풀은 참 신기하지요. 생명의 바통을 끊임없이 이어 가기 위해 일부러 짧은 생을 선택한 식물이니까요. 식물도 우리를 보며 이렇게 생각할지 모르겠습니다. '마지막에는 어차피 죽을 텐데 수명을 늘리려고 저렇게 애쓰는 인간이란 참으로 신기한 생물이구나' 하고 말이에요."

Thursday _____

나무는 몇 그루인가?

목요일
Thursday

봄의 전령에 대한 질문

오늘 아침에도 구스노키의 질문이 왔다. 그러고 보면 꽤나 열성적인 아이다. 대체 어떤 학생일지 궁금하다. 출석부에서 이름을 찾아볼까도 생각했지만 이내 포기했다.

나는 한 주에 세 개 정도 강의를 맡아 하고 수업마다 백 명 넘게 수강하고 있어서 학생 전원의 이름과 얼굴을 기억하기란 도저히 불가능하다. 어느 강의를 듣는지도 모르니 출석부를 본다 한들 알 수 있는 게 없을 것이다. 그리고 어떤 수업은 여러 학과생이 섞여 있는 경우가 있는데, 이유는 모르겠지만 출석부가 과별로 작성되어 있어서 구스노키가 어느 과 학생인지 모르는 이상 명부 전체를 뒤져야 한다. 생각만으로도 번거롭다.

게다가 목요일 오후는 매주 어떤 구실로든 회의가 잡혀 있어서 일에 집중할 수 있는 시간은 오전뿐이다. 쓸데없는 일을 하고 있을 여유가 없다. 가능한 신속하게 메일들을 처리해야 한다. 오늘 아침 질문은 이랬다.

"벚꽃 길의 벚나무는 몇 그루일까요?"

"벚꽃 길?"

어디를 말하는 거지. 이 학교에 있는 벚꽃 언덕길을 말하는 건가. 우리 학교 정문 주변에는 벚나무가 심겨 있고 정문으로 들어서는 입구가 조금 오르막이어서 벚꽃 언덕이라 불린다. 입학식 때 신입생들이 사진을 찍는 명소이기도 하다.

사실 최근에는 벚꽃의 개화 시기가 점점 빨라지고 있어서 졸업식 때 꽃이 피는 해도 있다. 벚꽃의 개화는 온도와 관련되어 있다. 기후 변동 때문에 상승한 평균 기온이 개화 시기를 앞당기고 있는 것이다. 그런데 벚꽃이 개화하는 데는 겨울의 추위도 필요하다. 따뜻한 기온만이 조건이라면 가을 끝 무렵이나 겨울의 따뜻한 날에도 꽃이 피어 버릴 수 있다. 그래서 겨울의 낮은 온도를 일정 기간 거쳐야만 꽃이 피도록 설계되어 있다.

평균 기온 상승으로 따뜻한 지방에서는 기온이 충분히 내려가지 않아 오히려 벚꽃 개화가 늦어지거나 잘 피어나지 않게 되어 버리기도 한다. 예전에는 남쪽 지역부터 벚꽃 개화가 시작되어 차례로 북상하며 봄소식을 알려 주었지만, 최근에는 북쪽에서 먼저 피는 경우도 있어서 남에서 북으로 순서대로 핀다기보다는 전국에서 동시다발적으로 피기 시작한다. 봄의 전령도 기후 변동에 영향을 받는 셈이다. 그래서 질문이 뭐였더라. 벚나무가 몇 그루냐는 얘기였지.

'귀찮으니 그냥 학교의 벚나무 얘기로 답해 버려야겠다.'

학교 언덕의 벚나무 수를 세어 본 적은 없다. 벚꽃 길이라 부르긴 하지만 정문 수위실에서 주차장까지 거리라 나무가 그리 많지도 않다. 벚꽃이 만개한 풍경은 제법 볼거리이기는 하지만 그래 봐야 숫자는 얼마 되지 않을 것이다. 길 양쪽에 심겨 있으니 합쳐야 열 그루 정도? 스물은 안 될 것 같고, 아니 열 그루도 채 안 되려나. 매일 지나다니는 길인데 아무리 생각해 봐도 전혀 기억에 없다. 어지간히 멍하니 지나쳤던 모양이다. 지금 가서 세어 볼까도 생각했지만 그마저도 귀찮다.

'애초에 왜 내가 그걸 세서 알려 줘야 하지. 궁금하면 직접 세 보면 되잖아!'

일단 열 그루에서 스무 그루 정도일 거라 답하려고 메일함을 열다가 '잠깐' 하고 다시 생각했다. 그런 게 궁금했다면 당연히 본인이 직접 셌을 것이다. 굳이 교수에게까지 "벚꽃 길의 벚나무는 몇 그루일까요?"라는 질문을 했을까. 무슨 다른 의미가 있나. 아니면 뭔가 나를 시험하려는 건가?

소메이요시노의 특수함

일본 전국의 벚나무는 대개 소메이요시노染井吉野라는 품종이다. '소메이'는 에도 시대의 소메이무라(染井村, 지금의 도쿄 도시마구 고마고메)라는 지명에서 유래되었다. 에도 시대에 이곳은 정원수 가게가 많은 원예의 마을이었고, 그 마을 정원사들이 만든 벚나무 품종이 바로 소메이요시노다.

'요시노'는 나라현의 요시노吉野라는 지역 이름에서 따왔다. 예부터 벚꽃 명소로 유명한 곳이다. 그 유명세를 빌려 '소메이무라의 요시노 벚꽃'으로 팔기 시작하면서 소메이요시노라는 이름이 되었다. '나폴리탄 스파게티'가 일본에서 생겨난 요리지만 스파게티 본고장인 이탈리아 나폴리의 이름을 따온 것과 비슷한 얘기다. 아무튼 그렇게 소메이요시노는 일본 전국에 퍼지게 되었다.

현재 일본의 벚꽃 철에 우리가 흔히 보는 벚나무는 대부분이 소메이요시노다. 소메이요시노는 성장 속도가 빠르고 관리도 쉬워 키우기가 수월하다. 그런데 소메이요시노의 특징은 그뿐만이 아니다. 다른 벚나무와 다른 큰 특징이 또 있다. 바로 잎이 나기 전에 꽃이 먼저 핀다는 점이다.

벚나무는 원래가 꽃이 먼저 피어 지고 난 다음 잎이 난다고 생각하는 경우가 많은데, 그렇지 않다. 화투에 그려진 벚꽃을 떠올려 보자. 흐드러지게 핀 벚꽃 옆에 잎도 함께 그려져 있을 것이다. 또 일본 럭비 국가대표 유니폼은 가슴에 벚꽃 마크가 새겨져 있어서 벚꽃 유니폼이라 불리는데, 그 마크에도 활짝

핀 벚꽃 가지에 잎이 달려 있다. 이는 일본에 일반적으로 자생하는 산벚나무의 특징이다. 산벚나무는 잎이 먼저 나온 다음 꽃이 핀다. 그런데 소메이요시노는 이와 달리 잎이 나오기 전에 꽃이 먼저 핀다.

소메이요시노는 '에도히간' 계열 벚나무와 '오시마자쿠라'라는 종을 교배해서 만든 종이고, 잎이 나오기 전에 꽃이 피는 것이 에도히간의 특징이다. 하지만 에도히간은 꽃이 자그마하고 수도 적어 그다지 눈에 띄지 않는다. 그런데 소메이요시노는 풍성하고 큰 꽃이 가지가 보이지 않을 정도로 가득 피어 봄하늘을 덮는다.

씨로 늘릴까, 가지로 늘릴까

그래서 소메이요시노는 큰 인기를 끌며 전국으로 퍼져 나갔다. 문제는 늘리는 방법이었다. 나무는 종자부터 키우려면 큰 나무가 되기까지 오랜 시간이 걸린다. 게다가 종자로 늘리는 데는 또 다른 문제가 있다. 종자는 원래 나무의 씨앗이라도 부모와 100% 같은 특징을 지니지 않는다.

생각해 보면 인간도 마찬가지다. 부모와 닮기는 하지만 꼭 똑같은 특징을 가지고 있지는 않다. 부모는 운동을 잘하지만 아이는 잘 못하는 경우도 있다. 같은 부모에게서 태어난 형제라도 성격이 다를 수 있다. 소메이요시노를 종자로 늘릴 경우 소메이요시노와 비슷한 벚꽃이 필 수는 있지만 완전히 똑같은 벚꽃이 피는 것은 아니다. 나팔꽃이나 해바라기 같은 화초는 씨를 뿌리면 뿌린 그대로의 꽃을 피우지만, 그것은 씨를 뿌려도 예외가 없도록 '고정'하는 공정을 거쳤기 때문이다.

'고정' 작업은 복잡하다. 예를 들어 키가 작은 미니 해바라기 품종을 만들었다고 하자. 그런데 그 해바라기의 자손은 키가 클 수도 작을 수도 있다. 거기서 키가 작은 해바라기만을 골라낸다. 그 키가 작은 해바라기의 자손도 다시 키가 클 수도 작을 수도 있지만, 거기서 또 키가 작은 해바라기만을 골라낸다. 이 작업을 반복하다 보면 처음에 만들어 낸 미니 해바라기에 가까운 자손이 안정적으로 나타나게 된다. 그렇게 해도 몇 세대를 거치다 보면 또다시 예외가 태어나곤 해서, 종묘 회사는 품종을 유지하기 위해 키가 작은 미니 해바라기를 계속해서 골라내야 한다. 해바라기는 한해살이풀(일년초)이라 그나마 매

년 걸러낼 수라도 있지만, 꽃이 피기까지 몇 년이 걸리는 나무는 이런 작업을 거듭하기가 어렵다.

그래서 나무를 늘리는 방법으로 쓰이는 것이 삽목(꺾꽂이)과 접목(접붙이기)이다. 삽목은 가지를 꺾어 땅에 심는 방법이다. 지면에 심은 가지는 이윽고 뿌리를 내리고 한 그루의 나무로서 성장하기 시작한다. 이 방법이라면 씨를 뿌리는 것보다 훨씬 짧은 기간에 묘목을 키울 수 있다. 게다가 꺾은 가지는 원래 나무의 분신이기 때문에 부모와 똑같은 성질을 지닌 나무를 늘릴 수 있다.

소메이요시노는 클론

나무는 예부터 삽목으로 키우는 것이 일반적이었다. 일본의 감 품종 중에 지로가키次郎柿라는 품종이 있다. 에도 시대에 마쓰모토 지로라는 농부가 강가에서 주운 어린 감나무 묘목을 키웠다고 한다. 주워 온 감나무 한 그루에서 점점 숫자가 늘어갔다. 또 귤나무, 장미나무 등에는 가지 하나가 갑자기 변이를 일으키는 아조 변이(가지 변이)라는 현상이 있다. 그 변이한 가지를 늘리면 새로운 품종을 만들 수 있다.

이렇게 종자로 늘리지 않고 식물의 일부로 식물을 번식시키는 것을 '영양 번식'이라고 한다. 식물의 뿌리, 줄기, 잎 같은 기관을 영양 기관이라고 하며 종자로 늘리는 것은 종자 번식, 영양 기관으로 늘리는 것은 영양 번식이다. 소메이요시노도 영양 번식으로 확산되었다. 즉, 확산된 모든 묘목은 부모의 분신이고, 말하자면 원래 나무의 클론들인 셈이다.

손오공은 하나? 둘?

구스노키의 질문은 "벚꽃 길의 벚나무는 몇 그루일까요?"였다. 벚나무 한 그루에서 가지가 영양 번식으로 늘어났을 경우, 그 벚나무는 두 그루가 되었다고 할 수 있을까? 예를 들어 내 머리카락은 나의 분신이다. 머리카락만으로도 DNA 감정이 가능하듯 내 머리카락도 나와 같은 DNA를 가진 존재다. 그럼 머리카락 한 가닥이 빠진다면 그건 내가 둘이 되는 것일까? 아니지. 머리카락은 죽은 세포일 뿐이다. 식물로 치자면 그저 낙엽 한 잎이 떨어진 거나 마찬가지다. 그렇다면 손오공은? 서유기의 주인공 손오공은 털 한 가닥을 뽑아 숨을 불어넣어 분신을 만들 수 있고 그 분신을 이용해 싸운다. 털 한 가닥으로 분신을 만들었을 경우 손오공은 하나인가? 둘인가?

'그건 그렇고 생각을 오래 하면 왜 출출해지는 걸까.'

머리를 쓰면 배가 고파지는 것은 뇌가 그만큼 에너지를 소비해서일까, 아니면 단지 스트레스 때문에 뭐라도 먹고 싶어지는 것일까. 출근 전 아침을 든든히 먹고 왔는데도 어쩐지 허기가 느껴졌다. 속이 허전하면 머리가 산만해져 제대로 집중이 안 된다. 그래서 나는 책상 위에 항상 과자를 상비해 둔다. 마침 어제저녁 스터디를 할 때 먹다 남은 쌀과자가 하나 있다. 이걸 먹어야지. 쌀과자는 녹차랑 어울릴 것 같지만 의외로 커피와도 잘 맞는다. 큼지막한 쌀과자를 반으로 쪼갰다.

'쌀과자를 반으로 가르면 쌀과자는 두 개가 되었다고 할 수 있나. 아니면 여전히 한 개일까.'

두 쪽으로 갈라도 한 개일 것 같기는 한데, 쪼개진 쌀과자가 제각기 재생될 경우라면 어떤가. 그러면 두 개가 되었다고 할 수 있을까. 재생하기 전에는 한 개지만 재생한 뒤에는 두 개가 되었다고 할 수 있을까? 출출함에 허겁지겁 먹다 흘린 과자 부스러기가 책상 위에 어지러이 흩어져 있다.

'만일 이 부스러기가 죄다 각각 재생된다면 몇 개로 세어야 할까……?'

쌀과자는 불가능하겠지만, 식물이라면 가능한 얘기다.

대학 교수의 비상식량

식물은 인공적으로 늘리지 않아도 자연에서 영양 번식으로 늘어나기도 한다. 이를테면 고구마, 감자, 토란 등은 대표적인 영양 번식 기관인데, 감자 같은 경우 땅속에서 많은 새끼 감자를 만들고 그 하나하나가 싹을 틔워 식물체인 감자로 자라난다.

'헌데 오늘은 유난히 허기가 지는군.'

바나나를 하나 집어 들었다. 사실 내 책상 위에는 과자와 함께 바나나도 상비되어 있다. 대학 교수의 생활은 의외로 불규칙해서 점심을 제때 먹지 못할 때도 많다. 특히 수요일은 오전 마지막 수업과 오후 첫 수업이 있어 점심시간 중에는 오후 수업 준비를 해야 하고, 오전 수업 후에 학생이 질문하러 찾아오기라도 하면 점심 먹을 시간이 거의 없다. 오전 회의를 마치고 연구실로 돌아오면 학생이 기다렸다는 듯이 자료를 들고 찾아오거나 연구에 관한 질문을 하러 오기도 한다. 대학 교수의 점심시간은 의외로 분주하다. 그래서 점심 먹을 시간이 없을 때 비상식량으로 책상에 바나나를 상비해 둔다. 바나나라면 금방 먹을 수 있는 데다 꽤 든든하다. 그런데 막상 손닿는 데 먹을 게 있으면 입이 궁금해지는 게 인지상정. 점심시간이 되기도 전에 바나나에 손을 뻗고 마는 때도 많다.

출근한 지 얼마 되지 않은 시간이었지만 바나나를 까서 한 입 깨물었다. 커피와 궁합이 잘 맞는 것도 바나나의 장점이다. 그러고 보니, 바나나도 영양 번식을 한다.

바나나와 온주밀감의 공통점

바나나는 식물의 과실이다. 그런데 바나나에는 씨앗이 없다. 원래 식물의 과실은 새들에게 먹혀 씨앗을 퍼뜨릴 목적으로 만들어진다. 새가 과실을 먹으면 씨앗도 함께 먹게 되고, 소화 기관을 통해 똥과 함께 체외로 배출된다. 그사이에도 새는 항상 이동하기 때문에 씨앗도 멀리 이동해 퍼질 수 있다. 그래서 식물의 과실은 더 잘 먹히기 위해 달게 숙성된다.

숙성된 과실이 선명한 붉은색이나 노란색을 띠는 것도 새들의 눈에 잘 띄기 위해서다. 그런데 씨앗이 아직 덜 자란 미숙한 과실은 아직 먹히면 곤란하다. 그래서 미성숙한 과실은 눈에 덜 띄도록 녹색을 띠고 잎의 그늘에 숨어, 먹히지 않도록 쓴맛이나 신맛으로 몸을 지킨다. 과실은 씨를 위해 만들어진 것이므로 반드시 씨앗을 품고 있다. 그래서 씨앗이 아직 충분히 발달하지 않은 상태라면 과실도 커지지 않거나 단맛이 덜한 게 보통이다. 그런데 인간이 개량한 과일에는 씨가 없는 것도 있다. 온주밀감이 바로 그렇다.

사실 온주밀감은 화분이 수분하지 않아도 열매가 커지는 특수한 성질을 지닌다. 그리고 수분하지 않은 채로 커진 과실에는 씨가 없다. 온주밀감도 수분을 하면 종자를 만들지만, 온주밀감은 화분이 잘 발달하지 않는다는 특징도 갖고 있다. 그래서 온주밀감은 화분이 붙지 않은 채 씨 없는 과실이 된다. 씨없는 과실을 만드는 것은 식물로서는 중대한 결함이지만, 먹는 인간의 입장에서는 편리하다. 그래서 인간은 이 온주밀감을 소중히 키워 왔다.

인간에게 이용당하고 있다 해도 할 말은 없지만, 온주밀감 입장에서도 이점은 있다. 애초에 식물이 종자를 만드는 것은 번식을 위해서다. 그런데 애써 종자를 만들지 않아도 인간이 알아서 번식시켜 주니 온주밀감 쪽에서도 이득이다. 참고로 에도시대에는 씨가 없는 것은 자손이 늘지 않는 걸 연상시키므로 불길하다 하여 씨 없는 온주밀감이 인기가 없었다고 한다. 이것도 흥미로운 이야기다.

감수 분열과 3배체

씨가 없는 과일은 그 외에도 있다. 예를 들어 포도에도 씨 없는 포도가 있다. 원래는 종자를 만드는 품종이었지만 인공적인 처리로 씨가 없게 만들었다. 지베렐린Gibberellin이라는 식물 호르몬은 화분의 움직임을 막고 과실이 비대해지도록 촉진하는 작용을 한다. 그래서 포도송이를 지베렐린 액에 담그면 씨 없는 포도가 된다. 씨 없는 수박도 인공적으로 만들어진 것이다.

생물 대부분은 2배체다. 예컨대 우리 인간은 46개의 염색체를 가졌다고 한다. 염색체는 둘이 한 쌍이기 때문에 46개의 염색체는 23개 쌍을 이루는 염색체로 구성된다. 염색체 둘이 한 쌍으로 두 배수가 있기 때문에 2배체라 불린다. 이 23쌍의 염색체는 정자와 난자가 될 때 짝이 나누어져 각각 23개로 갈라진다. 이것을 감수 분열이라고 한다. 식물의 화분이나 씨앗의 원천인 밑씨가 생성될 때 이 감수 분열이 일어난다. 그리고 화분과 밑씨가 수정함으로써 원래의 2배체로 돌아가게 된다.

그런데 씨 없는 수박은 먼저 감수 분열을 막는 처리를 한다. 그러면 2배체의 화분과 2배체의 밑씨가 수정해서 4배체 식물이 된다. 이 4배체의 수박을 평범한 2배체 수박과 교배시키면 3배체 수박을 만들 수 있다. (4배체/2)+(2배체/2)=3배체가 되는 것이다. 이렇게 만들어진 3배체 수박은 염색체 세 개가 한 세트기 때문에 화분이나 종자가 생길 때 반으로 나누어질 수가 없다. 그래서 화분이나 밑씨가 생기지 않고 씨 없는 수박이 된다.

3배체 동물이 없는 이유

바나나도 바로 이 3배체라서 씨가 생기지 않는다. 원래 바나나는 2배체 식물이었고 종자를 만들었다. 실제로 지금도 야생의 바나나는 과실 안에 씨가 꽉 들어차 있다. 그런데 어느 날, 씨 없는 수박과 같은 현상이 자연스럽게 일어나 3배체의 씨 없는 바나나가 탄생했다. 바로 그것이 오늘날 우리가 먹는 바나나다. 식물의 세계에서는 씨 없는 수박과 비슷한 현상이 자연스럽게 일어나 3배체가 생겨나기도 한다. 애당초 앞서 소개한 씨 없는 수박을 만드는 기술도 이 3배체 바나나에서 힌트를 얻은 것이다.

동물은 모두 2배체다. 혹 3배체 동물이 존재하더라도 자손을 남길 수 없어서 금세 멸종하고 만다. 그런데 식물은 다르다. 예를 들어 꽃무릇은 3배체 식물인데, 3배체이기 때문에 종자는 만들지 못하지만 구근으로 퍼져 끊임없이 피어날 수 있다. 토란에도 3배체 품종이 있다. 3배체여서 종자는 생기지 않지만 토란은 그 자체를 심기 때문에 멸종되지 않는다. 2배체 토란 품종도 원산지인 열대에서는 꽃을 피우지만 일본의 토란은 꽃을 피우지 않는다. 토란은 본체로 증식하기 때문에 종자가 필요하지 않은 것이다.

수박은 씨를 남기고 1년 만에 생을 마감하는 한해살이 식물이라 인공적으로 3배체 수박을 계속해서 만드는 수밖에 없지만 구근이나 감자류처럼 영양 번식을 하는 여러해살이 식물은 씨를 만들 필요가 없다. 바나나는 구근은 만들지 않지만 여러해살이 식물로 줄기 옆에서 새로운 싹이 나오기 때문에, 이 새로운 새끼 그루를 떼어 심으면 얼마든지 증식시킬 수 있다. 3배체 바나나는 이렇게 증식시켜 재배된다.

그럼에도 종자를 만드는 이유는

여기서 의문이 생긴다. 식물은 종자를 만들지 않아도 영양 번식으로 증식할 수 있다. 사실 씨를 뿌리는 것은 식물 입장에서 상당히 번거로운 작업이다. 우선 씨를 만들려면 꽃을 피워야 하고, 화분을 옮겨 줄 곤충을 끌어들일 꿀도 만들어야 한다. 꽤나 품이 드는 일이다. 그렇게 해서 꽃을 피워도 막상 곤충이 와 주지 않으면 수분이 불가능하다. 어떻게든 종자를 생산해 내도 작은 씨앗이 살아남기란 녹록치 않다. 모처럼 남긴 작은 종자가 전멸할 수도 있다. 종자로 증식하는 것은 품이 들고 위험도도 크다.

한편 영양 번식의 경우는 내 분신을 만들기만 하면 된다. 스스로의 성장이 곧 영양 번식이 된다. 애써 새로운 종자를 만드는 데 비하면 훨씬 수월하다. 그렇다면 왜 모든 식물이 영양 번식을 하지 않는 것일까? 왜 클론으로 증식하지 않을까?

영양 번식의 위험성과 종자 번식의 이점

바나나를 한 개 다 먹었다. 매일 보는 바나나지만 과일이자 먹을 것으로만 인식하고 있었다. 그런데 새삼 바라보고 있자니 바나나도 틀림없는 식물이다. 커피를 한 모금 마셨다. 바나나는 역시 커피랑 잘 어울린다. 바나나는 몇 번의 큰 전환점을 겪었다. 한때 주로 소비되었던 바나나는 그로미셸이란 품종이었다. 그런데 이 그로미셸 종은 지금은 거의 찾아볼 수 없다. 파나마 병이라는 병이 퍼져 괴멸 상태에 빠졌기 때문이다. 바나나는 클론으로 증식한다. 즉, 바나나 나무 한 그루가 파나마 병에 약하다는 것은, 클론으로 늘어난 모든 바나나가 그 병에 취약하다는 얘기다.

지금 우리가 먹는 바나나 대부분은 파나마 병에 내성을 가진 캐번디시 종이다. 그런데 지금 이 품종에도 감염되는 변종 파나마 병이 퍼지고 있다. 클론으로 증식한 캐번디시 종도 마찬가지로 전부가 변종 파나마 병에 취약할 수밖에 없다. 우리가 지금 매일 먹는 바나나도 언젠가 멸종될지 모른다. 영양 번식으로 증식한 클론은 모두 같은 성질을 지닌다. 개체 하나가 어떤 병에 취약하다면, 거기서 증식한 모든 클론도 그 병에 취약하다는 뜻이다. 만일 병균이나 바이러스에 감염된 개체가 영양 번식을 하게 되면 병에 걸린 개체가 늘어나는 셈이다.

그런데 종자로 증식할 경우는 전혀 다르다. 종자로 증식한 아이들은 부모의 성질을 닮기는 하지만 완전히 똑같지는 않다. 부모가 어떤 병에 취약하다고 해서 아이들도 꼭 그런 것은 아니다. 종자 번식은 품이 들지만 병으로 멸종하는 위기는 피할 수 있다. 그뿐만 아니라 병 이외의 환경 변화에도 대응이 가능하다.

영양 번식과 인류의 역사

원래 2배체 바나나는 종자를 만들고 종자로 번식했다. 그런데 종자로 번식한 자손은 부모와 닮기는 해도 완전히 같지는 않다. 원래는 맛있는 바나나였더라도 종자로 증식한 바나나가 똑같이 맛있으리라는 보장이 없다. 그렇지만 영양 번식을 하면 아무리 늘려도 원래 바나나와 맛이 똑같은 바나나가 된다. 그래서 인간은 영양 번식을 선호해 왔다.

19세기 아일랜드에서, 귀중한 식량인 감자에 병이 퍼져 전국의 감자가 괴멸 상태에 빠진 사건이 일어났다. 감자는 그 자체로 증식할 수 있기 때문에 아일랜드 전국에 유통되는 감자는 유전자가 똑같은 클론이었던 것이다. 많은 이들이 기아로 목숨을 잃었고, 먹을 것이 없는 조국을 떠나 개척의 땅 아메리카 대륙으로 건너갔다. 그 수많은 이민자의 힘 덕분에 공업국으로 발전한 미합중국을 이루어 냈다. 아일랜드의 대기근은 세계사적으로도 중요한 사건이다. '다양성이 중요하다', '개성은 소중하다'는 말을 자주 듣지만, 농업에서는 다양한 식물을 어떻게 균일하게 만들지가 오랜 숙제였다.

쌀도 그렇다. 야생의 쌀은 숙성 기간이 빠르거나 늦거나 제 각각이다. 다양성을 통해 전멸의 위기를 방지하기 위해서다. 그 렇지만 익는 시기가 다 다르면 한 번에 수확하기가 어렵다. 그 래서 인간은 비슷한 때 다 같이 숙성되도록 시기를 조절했다.

무는 어떨까? 무도 식물이니 길이가 길거나 짧거나, 통통하 거나 날씬하거나 원래는 형태가 제각각이다. 그런데 그러면 상자에 담기도 매장에 진열하기도 애매하고, 하나하나 가격을 달리 매기기도 쉽지 않다. 그래서 공장에서 찍어 낸 것처럼 크 기가 똑같은 무가 만들어지고 마트 진열대에 아름답게 진열되 어 팔리고 있는 것이다.

라멧과 제넷

'아니 나는 또 왜 이리 쓸데없는 생각만 하고 있는 걸까.'

구스노키의 질문은 그저 "벚꽃 길의 벚나무는 몇 그루일까 요?"라는 것이었다. 식물은 클론으로 증식하기 때문에 복잡하 다. 일반적으로 동물은 수컷과 암컷이 한 쌍이 되어 자신들과 다른 자손을 남긴다. 그런데 식물은 화분을 수분해 종자를 만드는 종자 번식뿐 아니라 클론으로도 증식한다. 삽목으로 두 그루가 된 벚나무는 어쨌든 겉보기에는 두 그루다. 종자로 늘렸든 가지로 늘렸든, 두 그루가 되었으니 두 개로 세면 되지 않나 싶다. 그렇지 않은가. 유전적으로 같은 클론으로 증식한 분신이든 유전적으로는 다르지만 비슷한 두 그루의 나무이든 겉보기에는 큰 차이가 없다.

그렇다면 대나무는 어떨까? 대나무도 영양 번식으로 증식하는 식물이다. 대나무는 땅속에 줄기를 뻗어 그 땅속줄기에서 죽순을 발아시킨다. 그리고 그 죽순이 대나무로 성장한다. 대나무 숲에 두 그루의 대나무가 있다. 그런데 이 대나무 두 그루는 땅속에서 서로 이어져 있다. 그러면 이 대나무들은 두 그루로 보는 게 맞을까, 아니면 땅속에서 이어진 한 그루로 보아야 할까.

식물학에서는 이것을 라멧과 제넷이라는 용어로 구분한다. 차라리 로미오와 줄리엣 같은 이름이었다면 그나마 외우기는 쉬웠을 것이다. 라멧은 눈에 보이는 식물의 숫자다. 땅속 상황을 모르는 우리 눈에는 대나무가 두 그루로 보인다. 즉, 라멧에서는 두 개의 나무로 본다.

한데 이 대나무는 땅속에서 이어져 있고 결국 한 몸이다. 제 넷에서는 이걸 한 그루로 간주한다. 즉, 땅속에서 이어진 대나무는 두 그루인 동시에 한 그루이기도 한 것이다. 땅속에서 이어져 있다 해도 두 그루의 대나무가 뻗어있으니 두 그루가 맞지 않나 생각할 수도 있다. 일리 있는 얘기다. 그런데 이것이 그리 단순하지가 않다. 두 그루의 대나무는 땅속에서 그저 연결되어 있는 것이 다가 아니기 때문이다.

예를 들어 한 그루의 줄기에 전혀 빛이 닿지 않아 광합성을 못 해 영양이 부족해지면, 빛이 닿는 다른 쪽 대나무가 빛이 닿지 않는 대나무에 영양분을 공급해 준다. 물론 두 그루의 대나무가 서로 돕는 것으로 볼 수도 있지만, 원래 땅속에서 이어져 있는 한 몸이니 당연한 일이라 볼 수도 있는 것이다.

접목은 대단해!

식물은 아주 자연스럽게 클론을 만들 수 있다. 하지만 인간은 클론으로 증식하지 못한다. 물론 SF에는 클론 인간이 등장하고, 현대 과학 기술이라면 머지않은 미래에 클론 인간을 만들 수 있을지도 모른다. 실제로 축산업계에서 인공적으로 쌍둥이 소를 만드는 기술은 그다지 어렵지 않다. 즉, 동물의 클론은 이미 만들 수 있다. 인간의 클론을 만들지 못하는 것은 윤리적인 문제다. 클론 인간에 대한 연구가 진전되어 나와 똑같은 클론이 생긴다면 대체 어떤 기분일까. 하지만 식물의 세계에서 클론은 흔한 일이다.

클론으로 늘리는 삽목도 신기하지만, 식물의 세계에는 더 신기한 기술이 있다. 바로 '접목'이다. 실제로 소메이요시노는 삽목이 아닌 접목으로 증식시킨다. 접목은 두 개의 식물을 끼워 맞추는 방법이다. 예를 들어 오이의 모종과 호박의 모종을 합칠 수 있다. 접목묘라는 방법이다. 접목묘를 만들려면 먼저 호박의 모종은 뿌리를 남기고 잎이 나온 윗부분을 잘라 낸다. 거기에 오이의 모종은 잎 부분을 남기고 뿌리 부분을 잘라 낸 다음, 호박의 뿌리에 오이의 잎 부분을 맞추는 것이다.

인어를 상상하면 된다. 상반신은 인간이고 하반신은 물고기인 인어처럼, 상반신은 오이고 하반신은 호박인 모종이 만들어지는 것이다. 이때 하반신인 뿌리 부분을 밑나무, 상반신이 되는 부분을 접가지라고 한다. 밑나무인 호박의 뿌리가 병충

해나 건조에 강하면 접목묘도 같은 특성을 지닌다. 그것이 접목의 이점이다.

접목은 역사가 오래된 기술이다. 고대 그리스와 중국에서는 기원전부터 이루어졌다고 하며, 일본에도 헤이안 시대(794년~1185년 —옮긴이)에 이미 접목을 한 기록이 남아 있다. 인류의 조상은 두 종류의 식물을 합쳐 하나로 만들 수 있다는 것을 일찍부터 알았던 것이다.

소메이요시노의 접목

소메이요시노는 종자로 늘리면 자손이 소메이요시노가 아니게 되기 때문에 클론으로 늘리는 수밖에 없다. 그런데 가지를 잘라 삽목으로 늘리려면 시간이 걸린다. 그래서 주로 접목을 한다. 소메이요시노의 밑나무로 쓰는 것은 오시마자쿠라 같은 다른 종류의 벚나무다. 다른 품종의 묘목을 대량으로 심어 키워 둔 다음, 그 나무를 잘라 소메이요시노의 가지를 접목한다. 밑나무의 뿌리가 이미 튼튼히 뻗어 있기 때문에 빠르게 성장한다. 이런 방법으로 일본 전국에 소메이요시노가 퍼지게 된 것이다.

소메이요시노는 모두 클론이고 유전적 성질이 같으니 다 같이 한꺼번에 꽃을 피운다. 소메이요시노는 꽃구경을 할 수 있는 시기는 짧지만, 한 번에 피고 지기 때문에 한껏 만개한 멋진 풍경을 즐길 수 있다. 성격이 제각기 다른 산벚나무는 나무마다 꽃이 피는 시기가 달라서 오랫동안 꽃을 즐길 수 있지만, 장대하게 펼쳐진 벚꽃 풍경을 보기는 어렵다.

한 그루 나무에서 클론으로 증식한 소메이요시노는 한 번에 피고 한 번에 진다. 그래서 지는 모습마저 아름답다. 그 짧고 안타까운 아름다움이 일본인의 인생관에 영향을 미친다는 말도 있다. 일본의 일기 예보에서는 봄을 알리는 벚꽃의 개화 시기도 지역별로 소개되는데, 기온에 따라 남쪽에서부터 차례로 꽃이 피는 것도 전국의 소메이요시노가 같은 성질을 지닌 클론이라 가능한 것이다.

접목은 어느 쪽이 본체일까? 인어는?

접목은 오래전부터 자연스럽게 이루어져 왔지만 생각해 보면 사실 자연스럽지 않은 일이다. 밑나무는 오시마자쿠라인데 위는 소메이요시노, 밑은 호박인데 위는 오이. 기묘한 현상이 아닐 수 없다. 예를 들어 두 종류의 벚나무를 이었을 때, 뿌리 부분인 오시마자쿠라와 꽃을 피우는 부분인 소메이요시노는 어느 쪽을 본체라고 봐야 할까? 꽃을 피우는 것은 소메이요시노이니 이쪽이 본체인 것 같기도 하다. 그렇지만 식물은 뿌리가 반드시 필요하다. 꽃은 없어도 살아갈 수 있지만 뿌리가 없으면 살아남을 수 없다.

접목한 묘목은 상반신이 인간이고 하반신이 물고기인 인어 같은 존재다. 만일 인공적으로 인간과 물고기를 이어 붙여 인어를 만들었다고 하자. 그 본체는 물고기가 아니라 인간일 것이다. 인간이나 물고기 같은 척추동물은 뇌가 신체를 모두 지배하기 때문에 뇌가 있는 상반신 쪽이 우위가 된다.

장기 이식에 대해

인어는 상상 속 존재이니 실제로 하반신이 물고기고 상반신이 인간인 생물은 존재하지 않고, 만들 수 있을 리도 없다. 인간을 식물처럼 쉽게 잘라 내고 붙일 수는 없으니 말이다. 그런데 장기나 피부는 이식이 가능하다. 예를 들어 심장을 이식한다고 할 때, 현재는 '뇌사' 상태를 죽은 것으로 판정하지만 예전에는 심장이 멈춘 '심장사'를 인간이 죽은 상태로 보았다. 심장이 움직이는 것이 '살아 있다'는 의미였다. 심장은 살아있는 데 있어 가장 중요한 장기 중 하나다. 그런 심장을 이식하는 것이다. 장기를 제공한 도너(장기 제공자)의 심장은 새로운 몸에서 계속 살아가게 된다. 그 경우 그 사람의 인격에는 어떤 변화가 있을까?

심장은 중요한 장기지만 심장을 이식해도 몸의 본체는 여전히 뇌다. 그렇다면 뇌를 이식한 경우는 어떨까. 뇌만 다른 몸에 이식한다면…… 뇌와 몸 중 어느 쪽이 본체일까. 뇌가 본체인 것도 같지만, 몸의 다른 부분은 전부 다른 사람이다. 걸음이 느려지거나 눈이 잘 안 보일 수도 있다. 그 몸이 지닌 성질은 그대로다. 그래도 인간의 경우는 역시 의식을 지니는 뇌가 본체인 듯싶다.

하지만 생물로서 볼 때는 어떨까. 예를 들어 인간의 뇌를 물고기에 이식해도 인간이라고 할 수 있을까. 아니면 아무리 인간의 뇌를 가졌다 해도 물고기에 불과할까. 식물은 인간처럼 뇌를 갖고 있지는 않다. 밑나무인 오시마자쿠라와 꽃을 피우는 소메이요시노는, 어느 쪽을 본체라고 해야 할까.

목요일의 답변

'또 쓸데없는 생각으로 시간을 낭비했군. 늘 이렇다니까.'

그렇긴 하지만……. 생각에 잠기며 커피를 다시 내렸다.

대나무밭의 대나무들은 땅속에서 연결되어 있다. 우리가 볼 때는 대나무 한 그루 한 그루의 라멧이 서로 키를 뻗어 빛을 받으려 경쟁하는 것처럼 보이지만, 사실 그들은 땅속에서 연결되어 서로를 돕고 있고 서로 연결되어 있다는 사실을 안다. 혹시 우리 인간도, 보이지 않는 곳에서 연결되어 있을지 모른다. 하지만 인간은 보이는 데서 서로 경쟁하고 빼앗기도 한다. 그런 인간이 대나무들에게는 어떻게 보일까. 꽤나 재미있는 존재로 보일지도 모르겠다.

그새 식은 커피를 마저 마셨다.

'Re: 질문 드립니다.'

답신을 썼다.

"식물은 서로 연결되어 있습니다. 그래서 아주 많다고도,
단 하나라고도 할 수 있지요. 식물의 입장에서 본 인간은
어떨까요. 아주 많은 것처럼 보일 수도 있고, '저 녀석들도
어차피 뿌리는 다 연결되어 있는데'라고 생각할 수도
있겠네요."

우리가 볼 때는 대나무 한 그루 한 그루의 라멧이

서로 키를 뻗어 빛을 받으려 경쟁하는 것처럼 보이지만,

사실 그들은 땅속에서 연결되어 서로를 돕고 있고

서로 연결되어 있다는 사실을 안다.

Friday _____

나무는 살아 있는가?

금요일
Friday

나무의 기둥은 살아 있다?

컴퓨터를 켜니 언제나처럼 구스노키의 메일이 와 있었다. 오늘 아침의 질문은 이랬다.

"나무는 살아 있나요?"

목조 주택 광고를 보면 '나무는 숨 쉬고 있다' 같은 표현이 나온다. 물론 실제로 주택에 사용된 나무 기둥은 살아 있지 않다. 벌목되어 목재가 된 시점에 이미 생명을 잃었다. 그런데 목재는 원래 식물이고, 세포벽으로 둘러싸인 세포로 만들어져 있다. 세포는 이미 죽었지만 세포벽으로 나누어진 수많은 공간이 있고, 그 공간이 마치 호흡하듯 수분을 빨아들이고 내뱉는다. 그래서 '나무는 숨 쉬고 있다'고 표현되는 것이다.

나무는 살아 있지만 죽어 있다

그런데 살아 있는 나무도 실은 대부분 이미 죽은 세포로 이루어져 있다. 예를 들어 목재로 잘라 사용되는 것은 나무의 중심 부분인데, 이 부분은 사실 땅에 서 있을 때부터 죽어 있다. 살아 있는 세포는 부드럽지만 죽은 세포는 단단해진다. 그리고 죽어서 단단해진 세포가 거대한 나무를 지탱한다.

그러면 살아 있는 세포는 어디에 있을까? 실은 나무 겉 부분에 부드러운 세포가 있고, 이 겉 부분만이 살아 있다. 살아 있는 세포는 밖으로 밖으로 세포 분열을 거듭하며 줄기를 두텁게 키우고, 안쪽에 있는 세포는 죽어 간다.

벌목된 나무의 단면을 보면 중심부의 색은 짙게 변색되어 있고, 이 중심 부분은 죽은 세포로 형성되어 있다. 그 바깥쪽에

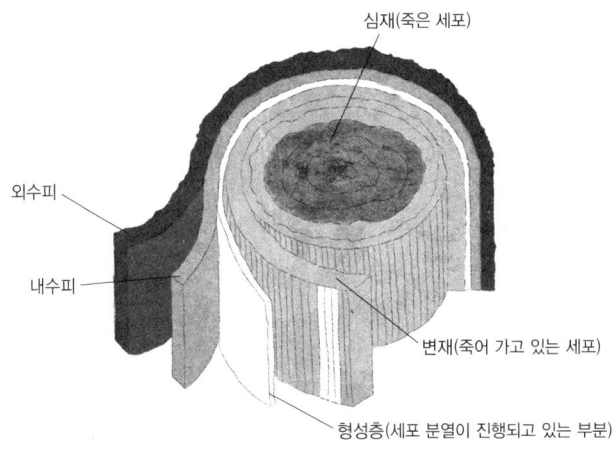

심재(죽은 세포)

외수피

내수피

변재(죽어 가고 있는 세포)

형성층(세포 분열이 진행되고 있는 부분)

옅은 색을 띤 부분이 있다. 여기는 세포가 죽어 가고 있는 부분이다. 그리고 나무껍질을 벗겼을 때 줄기 제일 바깥에 있는 얇은 부분, 이 지극히 일부만이 지금 그야말로 생명 활동을 하고 있는 부분이다.

커다란 나무도 실제로 살아 있는 부분은 극히 일부에 지나지 않는다. 거기에 낡은 세포가 죽고 새로이 만들어진 세포가 거듭 쌓여 갈 뿐이다. 그 세포도 이윽고 죽으면 죽은 세포 위에 다시 새로운 세포가 생긴다. 나무의 기둥에는 나이테가 새겨져 있다. 이 나이테가 세포들이 살아간 흔적이다.

이렇게 안쪽 세포는 차례로 죽고, 죽은 세포들이 쌓여 나무는 몸을 키워 나간다. 큰 나무의 기둥에는 이따금 커다란 구멍이 생기기도 하는데, 나무 입장에서는 대수롭지 않은 일이다. 어차피 기둥 대부분은 이미 죽은 상태이기 때문이다.

인간과 나무의 공통점

몸이 죽은 세포로 이루어져 있다고 생각하면 나무가 꽤나 기묘한 생물처럼 느껴진다. 그런데 잘 생각해 보면 인간의 몸도 마찬가지다. 우리 몸도 살아 있는 세포와 죽은 세포로 이루어져 있다. 예를 들어 손톱. 손톱은 죽은 세포로 이루어져 있다. 손톱의 세포는 태어나 얼마 되지 않아 핵을 잃고 죽은 세포가 된다. 그리고 죽은 세포인 채로 우리의 손가락 끝을 지킨다.

머리카락도 마찬가지다. 머리카락의 세포도 태어나 얼마 안되어 핵을 잃고 죽은 세포가 된다. 그리고 모발이 되어 우리의 머리를 지켜 준다. 손톱과 머리카락은 잘라 내도 아프지 않아서 내 몸의 일부라는 실감이 잘 들지 않지만, 피부는 어떨까. 인간 피부의 가장 겉면인 각질층도 실은 죽은 세포다. 우리 몸은 죽은 세포에 감싸여 있는 것이다.

나무는 살아 있는 세포가 죽은 세포를 에워싸고 있는 반면 우리 인간은 죽은 세포가 살아 있는 세포를 감싸고 있다. 정반대로 보이기도 하지만, 죽은 세포와 살아 있는 세포로 몸이 이루어져 있다는 점에서는 전혀 차이가 없다. 그렇다면 우리의 몸은 살아 있다고 할 수 있을까.

뇌와 생사

머리카락이나 손톱, 각질이 죽은 세포라고 해도 그 때문에 우리가 죽음을 실감하지는 않는다. 그것은 인간이 뇌가 본체인 생명체이기 때문이 아닐까. 식물은 뇌가 없지만 우리에게는 뇌가 있다. 예를 들어 팔이나 다리가 없어져도 우리는 생명을 이어 갈 수 있다. 뇌가 있기 때문이다.

뇌가 살아 있는 한 우리는 살아 있다. 아무리 죽은 세포에 몸이 감싸여 있어도 뇌가 살아 있다면 우리는 살아 있다. 뇌가 죽어도 인간의 수염은 자란다고 한다. 하지만 수염을 키우는 세포가 살아 있다고 해도, 그것이 내가 살아 있다는 뜻은 아닐 것이다. 우리에게 뇌는 특별한 기관이지만, 곰곰이 생각해 보면 뇌의 세포나 수염을 키우는 세포나 큰 차이는 없다.

우리에게 생명이 주어졌을 때 우리는 어떤 생명체였을까. 아버지의 정자와 어머니의 난자가 만나 수정란이 되었을 때 우리는 단지 하나의 세포였다. 시작은 단세포 생물이었다. 그 세포가 분열을 거듭하여 우리 몸이 만들어졌다.

그렇다면 우리 몸 안의 세포는 전부 분열된 복제다. 모든 세포는 같은 유전 정보를 갖고 있다. 손톱의 세포든 머리카락의 세포든 내 분신임에는 틀림이 없다. 죽은 세포도 틀림없이 우리의 몸을 형성하는 몸의 일부다.

생명의 본질이란?

식물에는 뇌가 없다. 어떤 세포는 잎이 되고, 어떤 잎은 줄기가 될 뿐이다. 인간도 마찬가지다. 인간의 몸은 수십 조의 세포로 이루어져 있다. 말하자면 많은 세포가 모인 다세포 생물이다. 세포가 분열해 어떤 세포는 팔이 되고 어떤 세포는 내장이된다. 우리에게 뇌는 특별한 기관이지만, 그것도 세포 분열한 세포가 어쩌다 보니 '뇌세포'라는 역할을 맡았을 뿐이다. 뇌라고 해도 많은 세포가 모여 있는 것에 지나지 않고, 뇌세포인들 어쩌다 그 역할을 분담받았을 뿐이다.

실제로 우리는 뇌가 몸의 모든 부분을 지배한다고 생각하지만, 예를 들어 심장의 세포는 뇌의 지령 없이도 당연한 듯 움직인다. 피부의 신진대사도 피부 세포가 자율적으로 진행한다. 오히려 몸의 모든 부위에서 뇌로 신호가 전해져 몸의 기능이 유지된다. 뇌는 컨트롤 센터 역할을 맡고 있을 뿐 신체 각 기관에 의해 뇌가 움직여지고 있다고 볼 수도 있다. 그렇다면 우리가 '살아 있다'는 것의 본질은 정말로 뇌에 있을까?

애초에 인간의 뇌는 애매한 기관이다. 생물에게 가장 중요한 것은 살아남는 일이다. 주어진 목숨이 사라지는 그 순간까지 살아남는 것이 생명의 본질이다. 그런데 우리의 뇌는 어떤가. 우리는 때로 '사는 데 지쳤다'거나, 더 심할 때는 '살고 싶지 않다', '죽고 싶다'고 생각한다. 이런 세포는 생물로서 실격이다.

뇌 이외에 '살고 싶지 않다'며 투정을 부리는 기관은 없다. 위장이든 심장이든 아무런 불평 없이 매일 살아 움직인다. 그

것이 생명이 하는 일이다. 몸의 모든 세포가 필사적으로 살고
자 하는데 '살고 싶지 않다'고 말하는 뇌세포는, 다른 세포들
입장에서 보면 어이가 없을 것이다.

죽어 갈 운명인 손톱 세포조차 목숨이 붙어 있는 마지막 순
간까지는 열심히 살아 있다. 그것이 생명이다. '죽고 싶다'고
생각하는 세포보다 묵묵히 살다가 죽어 가는 손톱이나 머리카
락 세포가 생명으로서는 훨씬 우월하다. 그럼에도 '뇌'는 우리
생명의 본질일까?

반복되는 삶과 죽음

우리 몸은 수많은 세포로 이루어진 세포의 집합체다. 그렇
게 생각하면 신기하다. 내 피부 세포는 매일 각질이 되어 떨어
져 나간다. 그 낡은 피부 세포도 모두 내 분신이다. 내 분신인
수많은 세포는 매일 생명을 잃고 죽어 간다. 그리고 또다시 새
로운 세포가 태어나는 것이다. 새로운 세포가 태어나고, 낡은
세포는 죽어 간다. 이렇게 우리 몸속에서는 삶과 죽음이 반복
되고 있다.

우리 몸의 피부는 대략 45일마다 새로운 세포로 바뀐다고 한다. 피부가 새로운 세포로 바뀌는 것과 마찬가지로 뼈나 다른 내장의 세포도 몇 달마다 다시 태어난다. 우리 몸속에서는 언제나 세포 분열이 이루어지고 있고 새로운 세포로 교체되고 있다. 그렇다면 지금 내 몸은 몇 달 전과는 전혀 다른 몸으로 바뀌어 있는 셈이다.

테세우스의 배

여기서 떠오르는 것이 '테세우스의 배' 이야기다. 이것은 로마 제국 시대의 저술가 플루타르코스가 제기한 문제다. 이야기는 이렇다.

'테세우스의 배'라는 전설의 배가 소중히 보관되고 있었다. 그런데 시간이 지나면서 배는 점점 낡아 그때마다 썩은 부품을 새 부품으로 바꾸었다. 그렇게 조금씩 조금씩 새로운 부품으로 교체하다 보니 결국에는 배 전체가 새로운 부품으로 바뀌고 말았다. 전체가 새로운 부품으로 바뀐 이 배는 여전히 '테세우스의 배'일까, 아니면 전혀 다른 배일까? 그것이 플루타르

코스가 제창한 '테세우스의 배'라는 문제다.

우리 몸도 테세우스의 배와 마찬가지다. 매일 새로운 세포가 태어나고 낡은 세포는 새로운 세포로 대체된다. 몇 달 전까지 내가 내 몸이라 믿고 움직였던 손과 팔은 이미 어디에도 존재하지 않는다. 다리, 배, 몸속의 위와 장도, 몇 달 전 내 몸이었던 것은 아무것도 없다. 내 몸은 수개월 전과는 완전히 다르게 바뀌어 있다. 나는 몇 달 전과는 완전히 다른 그릇에 들어 있다는 얘기다.

그렇다면 이전의 나와 올해의 나는 같은 '나'인가, 아니면 다른 '나'인가? 나란 대체 무엇일까.

새로운 세포로 바뀐 내 몸은 이전의 나와 같다고 할 수 있을까? 아니면 이전의 나와는 다른 존재일까.

나란 무엇인가? 내 마음은 어디에 있는가?

새로운 세포로 바뀌었다고 해도 결국은 세포 분열로 생겨난 것이기 때문에, 새로운 세포는 낡은 세포의 복제다. 즉, 낡은 몸이 완전히 사라지고 새로운 몸으로 다시 태어난 것은 아니다. 여기서 생각할 점이 있다.

세포는 우리가 먹은 것을 원료로 만들어진다. 이러한 대사 활동을 통해 낡은 재료로 만들어진 세포는 사라지고, 새로운 재료로 만들어진 세포로 바뀌어 간다. 세포 분열로 유전 정보는 복제되지만 역시나 몸은 바뀔 수밖에 없다.

아니지. 몸이라는 그릇이 바뀌어도 내가 나라는 점에 변함은 없다. '나'라는 인격은 '뇌' 안에 존재하니까. 예를 들어 팔을 잃더라도 나는 나다. 새로운 팔을 이식해도 그 점은 변함이 없다. 뇌가 바뀌지 않는 한 아무리 몸이 바뀌어도 나는 나인 것이다.

그런데 더 찾아보니 그렇게 단정할 수만도 없는 것 같다. 우리의 뇌세포도 1년마다 바뀐다고 한다. 그렇다면 1년 전의 내 뇌와 지금의 뇌에서는 전혀 다른 세포들이 일하고 있는 셈이다. 내가 나 자신이라 믿고 있던 '지난해의 뇌'와 '올해의 뇌'는 전혀 다른 존재였던 것이다. 뇌조차 죄다 바뀌어 버린다면 나라는 존재는 대체 무엇일까. 내 마음은 어디에 있는 것일까. 나는 대체 어디에 있는가.

나의 본질

그런데 신기하게도, '지난해의 뇌'와 '올해의 뇌'가 완전히 대체되었을 텐데도 나는 과거의 일을 기억한다. 어릴 적의 뇌는 이미 흔적도 형태도 남아 있지 않을 텐데, 나는 어릴 적 기억을 갖고 있다. 그때 배운 것, 경험한 것이 몸에 뚜렷이 남아 있다. 이건 어찌된 일일까. 나라는 존재는 컴퓨터에 저장된 데이터 같은 것에 불과한 것일까. 단순한 전기 신호에 불과한 것일까.

SF를 보면 인간을 안드로이드로 만들거나 기계의 몸으로 개조하는 장면이 나온다. 예를 들어 나의 뇌만 꺼내 인공적인 몸에 이식하면 어떻게 될까. 인공적으로 만든 의수, 의족, 심지어 인공 심장도 있다. 기술이 더욱 발전하면 몸 전체를 인공적으로 만들 수도 있을 것이다. 만일 인공적인 몸에 내 뇌를 이식해도 그것을 '나'라고 할 수 있을까.

상상을 이어 가 본다. 내 뇌를 다른 몸에 이식하면 원래 나의 몸은 비게 된다. 좀 아까우니까 그 몸에 인공지능을 이식해 로봇처럼 부린다면 어떨까.

내 뇌세포는 인공적인 몸 안에 있다. 뇌세포는 약 1천억 개의 세포로 이루어져 있다고 한다. 인간의 몸은 한때 60조 개 세포로 이루어져 있다는 설도 있었지만, 현재는 37조 개 정도로 추정하고 있다. 물론 숫자가 줄어든 것이 아니라 애초에 인간의 몸 속 세포 수를 세기가 쉽지 않았던 것이다.

37조 개라고 해도 뇌세포는 그중 37분의 1밖에 되지 않는다. 즉, 내 몸의 세포 대부분은 아직 원래 몸, 그러니까 그 로봇이 갖고 있다는 뜻이다. 그러면 뇌세포를 가진 인공의 몸과, 인공지능을 넣은 원래의 몸 중 어느 쪽을 '나'라고 할 수 있을까?

프랑켄슈타인의 마음

식물의 접목은 고대부터 이루어진 자연스러운 기술이다. 식물은 자르고 붙여도 아무렇지 않게 생을 이어 간다. SF소설 속 프랑켄슈타인 박사는 사체를 이어 붙여 하나의 괴물을 만들어 냈다. 프랑켄슈타인은 사실 이 괴물을 만든 박사의 이름이지만, 지금은 그가 만들어 낸 이름 없는 괴물을 프랑켄슈타인이라 부른다. 이 괴물은 자신이 어떤 존재인지도 모른 채 죽어 갔다.

생각해 보면 접목된 식물도 괴물 프랑켄슈타인이나 마찬가지다. 그들은 어떤 심정으로 살아가고 있는 것일까?

다시 내려 아직 뜨거운 커피를 한 모금 마셨다.

뿌리 부분이 오시마자쿠라이고 윗부분이 소메이요시노인 경우는 그나마 간단한 케이스다. 겐페이자키源平咲き는 매화, 꽃복숭아 등에서 볼 수 있으며, 하나의 나무에 붉은 꽃과 흰 꽃이 함께 피는 품종을 가리킨다.(일본에서는 11세기 말부터 12세기 말까지 겐지源氏와 헤이시平氏라는 두 무사 세력이 양분되어 싸웠고, 양쪽의 성을 따 겐페이源平라고 부른다. -옮긴이) 헤이시를 상징하는 깃발의 색은 빨강이고 겐지는 흰색인데, 이 두 색이 함께 섞여 있어 이런 품종을 '겐페이자키'라 부르게 되었다. 아조변이(가지 변이)라고 한다. 이렇게 가지 변이 한 가지를 삽목으로 늘리면 돌연변이인 나무를 늘릴 수 있다. 종자부터 키우려면 오랜 시간이 걸리는 과일나무의 경우 이런 가지 변이를 발견해 새로운 품종을 만들어 내는 경우도 많다.

겐페이자키는 하얀 꽃의 나무에 돌연변이가 발생해 빨간 꽃이 동거하게 된 경우지만, 붉은 꽃과 흰 꽃을 인위적으로 접목해 만들어 내는 것도 가능하다. 소메이요시노를 접목할 때는 오시마자쿠라가 피지 않도록 뿌리 부분만 남기고 오시마자쿠라의 기둥을 다 잘라 버리지만, 둘 다 피게 하고 싶으면 밑나무의 줄기나 가지를 남기고 접목하면 된다. 마찬가지로 붉은 꽃나무와 흰 꽃나무를 하나로 붙이면 붉은 꽃과 흰 꽃이 동시에 피는 나무를 만들 수 있다.

금요일의 답변

접목한 겐페이자키는 붉은 꽃을 피우는 나무와 흰 꽃나무 둘 다 세포 분열을 하며 성장한다. 그럼 무슨 일이 일어날까. 붉은 꽃의 세포와 흰 꽃의 세포는 서로 섞이며 분열을 거듭한다. 그리고 양쪽의 세포가 모자이크 상태로 존재하게 되어 버린다. 이것을 키메라라고 한다.

키메라는 그리스 신화에 등장하는 머리는 사자, 몸통은 염소, 꼬리는 뱀인 괴물이다. 이렇게 다른 생물들이 뒤섞인 것이 키메라다. 상반신이 인간이고 하반신은 물고기인 인어도 키메라이고, 윗부분이 소메이요시노고 뿌리 부분은 오시마자쿠라인 벚나무의 묘목도 키메라다.

그런데 식물학에서는, 세포 단위로 섞인 상태를 가리키는 경우가 많다. 위쪽은 소메이요시노, 아래쪽은 오시마자쿠라처럼 단순한 경우는 키메라라 부르면서까지 설명할 필요가 없지만, 두 종이 유착된 부분에서 서로의 세포가 섞여 소메이요시노와 오시마자쿠라 어느 쪽에도 가깝지 않은 중간적인 성질이 나타나는 경우가 있다. 이 경우에는 두 종의 잡종이 아니라, 소메이요시노와 오시마자쿠라의 세포가 섞인 상태임을 표현하기 위해 '키메라'라는 용어를 쓴다. 키메라에는 두 개의 세포가 뒤섞여 있다. 그런 상태에서 식물은 아무렇지도 않게 빨간 꽃과 흰 꽃을 함께 피워 낸다.

그래도 괜찮은 것일까. 인간이라면 어땠을까. 엄청난 사건일 것이다. 비유하자면 피부를 이식했더니 이식한 피부가 멋대로 증식해 원래의 내 피부와 뒤섞여 버린 것이나 마찬가지다. 뇌세포라면 어땠을까. 뇌를 그대로 이식하는 게 아니라 뇌세포라는 '세포'를 이식했다면. 예를 들어 내 뇌의 일부를 다른 누군가의 뇌에 이식한다. 내 뇌도 다른 사람의 뇌도 세포 분열을 하며 섞여 갈 것이다. 그런 상태에서는 어떻게 살아가야 할까.

대체 '나'라는 존재는 어디에 있는 것일까.

'Re: 질문 드립니다.'

답신을 썼다.

> "나무는 죽은 세포와 살아 있는 세포로 구성되어 있습니다.
> 즉, 죽어 있다고도 할 수 있고 살아 있다고도 할 수 있지요.
> 살아 있다는 것과 죽어 있다는 것은 항상 공존합니다.
> 살아 있다는 것은, 삶과 죽음이 '키메라'가
> 되어 있는 것이죠."

대학 교수의 고민

그건 그렇고 구스노키는 한 주 내내 매일같이 질문을 보내 왔다. 질문은 강의 때 하면 되지 않나 싶지만 요즘 학생들은 그렇지 않다. 질문이 없냐고 수업 중에 물으면 아무도 손을 들지 않는다. 그런데 적어서 내라고 종이를 나눠 주면 질문이 나온다. 익명으로 하면 기초적이거나 본질적인, 꽤 좋은 질문들을 한다. 요즘 학생들은 실패를 두려워하고 눈에 띄는 것을 싫어

하는 것 같다. 많은 사람 앞에서 발표하는 것을 부끄러워하고, 엉뚱한 질문을 하면 안 된다는 심리 때문인 듯하다. 그러니 메일로 질문을 보내오는 이 학생은 꽤나 적극적이고 열심인 편이다. 가산점을 주는 게 좋으려나. 조금 귀찮지만 출석부를 찾아보자.

그런데 아무리 봐도 그의 이름이 없었다. 나는 세 개의 강의를 맡고 있고 출석부는 과별로 나뉘어 있어서 출석부가 여러 개다. 그런데 어느 것을 뒤져도 이름이 없었다. 다른 학부 학생이 수강 신청을 하지 않고 청강하기도 하니 드문 일은 아니다. 출석부에 이름이 없는 학생이 태연스럽게 리포트를 제출하기도 한다. 학점도 못 받는데 수업을 들으러 온다는 건 학구열이 그만큼 높다는 거겠지. 사실 이런 학생일수록 더 점수를 주고 싶지만, 다른 학부 학생은 이수할 수 없는 전공과목이니 어찌할 도리가 없다. 애초에 이렇게 학구열이 있는 학생이라면 성적 같은 건 아무 의미가 없을 것이다.

생물에게 있어 가장 중요한 것은 살아남는 일이다.

주어진 목숨이 사라지는 그 순간까지

살아남는 것이 생명의 본질이다.

Saturday_____

식물은 죽는가?

토요일
Saturday

죽지 않는 생물

토요일은 강의가 없다. 그래도 밀린 일들을 처리하기 위해 연구실에는 가야 한다. 잡무는 산더미지만 토요일은 그래도 마음이 평소보다 가벼워서 아침을 느긋하게 즐길 수 있다. 먼저 뜨거운 커피를 내리고 메일부터 정리해 볼까.

'질문 드립니다.'
주말인데 또 구스노키에게서 메일이 와 있다. 내용은 이랬다.

"식물은 죽나요?"

오늘 질문은 그나마 간단하군. 이 학생은 식물이 말라 죽은 모습을 본 적이 없나. 식물도 생물이다. 생명이 있는 생물이 죽는 것은 너무나 당연한 일이다. 모든 생물은 죽는다.

아니지. 다시 생각해 봤다. 실제로 죽지 않는 생물도 있다.

영원히 분열을 거듭하다

죽지 않는 생물이란, 바로 단세포 생물이다. 단세포 생물은 말 그대로 하나의 세포로만 이루어져 있다. 단세포 생물은 그저 계속해서 분열을 거듭한다. 하나의 세포가 분열해 둘이 된다. 이때 원래의 하나가 죽고 새로운 세포가 두 개 생긴다기보다는, 원래의 세포가 둘로 나뉜다고 생각하는 편이 자연스럽다. 단세포 생물은 이것을 반복한다. 세포 분열이 영원히 계속되는 것이다. 그래서 단세포 생물은 죽지 않는다. 물론 다른 생물에 먹히거나 사고로 죽는 일은 있겠지만, 인간처럼 나이가 들어 죽지는 않는다.

그런데 같은 단세포 생물이라도 조금 더 구조가 복잡한 짚신벌레는 또 다르다. 짚신벌레도 분열해서 증식하지만, 분열할 수 있는 횟수가 정해져 있고 주어진 횟수가 다하면 수명이다해 죽고 만다. 그래서 짚신벌레는 죽기 전에 다른 개체와 붙어 유전자를 교환한다. 그렇게 함으로써 분열 횟수를 갱신해 다시 분열을 할 수 있게 된다. 이렇게 두 마리의 짚신벌레에서두 마리의 새로운 짚신벌레가 태어난다.

다시 태어난 짚신벌레는 원래 짚신벌레와는 다른 개체다. 그러니 이 경우는 새로운 짚신벌레가 남고 원래의 개체는 죽은 것이라 봐도 될 듯하다. 결국 짚신벌레는 '죽는다'고 할 수 있다.

그런데 생물이 죽는 것은 당연한 일이 아니다. 생물이 죽을 수 있게 된 것은 진화했기 때문이다.

'죽음'이라는 발명

짚신벌레가 다른 개체와 유전자를 교환하는 것은 분열 횟수의 갱신 외에도 다른 이유가 있다. 한 생명이 그저 복제와 증식만 거듭하다 보면 환경의 변화에 대응할 수 없다. 환경의 변화에 적응하기 위해서는 스스로도 변화해야만 한다. 단세포 생물은 돌연변이로 유전자를 변화시키지만 거기에도 한계가 있다. 그래서 짚신벌레는 다른 개체와 유전자를 교환한다. 그렇게 해서 스스로를 일단 해체하고, 전혀 새로운 개체를 만들어 냄으로써 극적으로 변화할 수 있게 된다. 이 새로운 생명을 창조해 내기 위한 파괴가 '죽음'이다. 이렇게 생명은 스크랩 앤 빌드scrap and build를 통해 변화해 나가는 방법을 만들어 냈다. 즉, '죽음'은 생물의 진화가 만들어 낸 발명인 것이다.

단세포 생물은 그저 분열만 하면 된다. 그렇지만 세포가 모여 다세포 생물이 되면 단순히 복제만 할 수는 없다. 유전자를 교환함으로써 새로운 것을 만들어 내고, 새로운 것이 태어났으니 낡은 것은 사라진다. 그것이 '죽음'이다. '형태가 있는 것은 언젠가는 사라진다'는 말처럼, 이 세상에 영원한 것은 없다.

몇천, 몇만 년 동안 복제를 반복하는 것만으로 영원한 삶을 누리기는 쉽지 않다. 그래서 생명은 영원히 존속하기 위해 스스로를 부수고 새로이 만들어 내는 방법을 생각해 냈다. 하나의 생명은 일정 기간이 지나면 죽고, 대신 새로운 생명에 깃든다. 그 새로운 생명은 또다시 자손을 남기고, 생명의 바통을 넘긴 뒤 사라진다. 이 '죽음'의 발명으로 생명은 세대를 초월해 생의 릴레이를 이어 가며 영원해질 수 있게 되었다. 영원히 존재하기 위해 생명은 '끝이 있는 삶'을 만들어 냈던 것이다.

우리는 왜 늙는가

우리 인간도 늙고 죽는다. 새 자전거나 냉장고가 세월이 지나면 어딘가 고장이 나듯, 우리도 나이가 들면 어딘가 삐걱거리기 시작하는 것이 당연하다 여겨질 수 있다. 그런데 사실은 그렇지 않다.

우리는 항상 세포 분열을 거듭하고 있다. 이론대로라면 단세포 생물과 마찬가지로 영원히 분열을 반복하는 것이 가능하다. 우리 몸에서는 매일 새로운 세포가 태어나고, 우리 몸은 갓 태어난 세포들로 이루어져 있다. 그럼에도 우리 몸은 신생아와 다르다. 피부의 윤기는 세월과 함께 사라지고, 얼굴에는 주름이 새겨진다. 새로운 세포를 계속해서 만들어 내는데도 왜 우리는 늙어 갈까. 그리고 왜 늙는 끝에 죽고 마는 것일까.

이제 막 분열한 갓 태어난 세포에 싸여 있을 텐데도, 왜 우리 몸은 늙어 가는 것일까?

죽음을 향한 카운트다운

늙고 싶지 않고 죽고 싶지 않다고 아무리 바라도 우리는 모두 결국 나이가 들고 죽는다. 그런데 늙음도 죽음도, 모두 우리 몸이 스스로 일으키는 현상이다. 실제로 우리 인간의 세포는 나이 들어 죽도록 설계되어 있다. 텔로미어telomere라는 시스템이다.

세포 속 염색체에는 텔로미어라는 부분이 있다. 텔로미어는 염색체의 양 끝에 위치하며 염색체 속 디엔에이DNA를 보호하는 역할을 한다. 이 텔로미어는 세포가 분열할 때마다 점점 짧아진다. 그것이 노화의 원인이다. 텔로미어가 이윽고 한계까지 짧아지면 세포는 더 이상 분열할 수 없게 되고 죽음을 맞이한다.

우리의 세포는 분열 횟수에 한계가 있다. 텔로미어는 죽음을 향해 카운트다운을 하는 타이머 같은 존재다. 텔로미어에

의해 세포는 늙고, 죽어 간다. 그리고 세포의 집합체인 우리 몸 또한 늙고 죽어 간다. 이 텔로미어만 없다면 우리는 영원히 살 수 있다는 얘기다.

'그렇다고 한다면 텔로미어만 없으면 되는 그런 단순한 문제일까……?'

커피를 한 모금 마셨다.

노화는 진화의 증거

텔로미어를 갖지 않았다면 우리의 선조인 단세포 생물은 죽지 않았을 것이다. 불로불사의 존재다. 불로불사는 생명의 진화 가운데서는 가장 단순하고 가장 오래된 시스템이다. 생명은 진화 과정을 통해 마침내 '늙고 죽는 시스템'을 만들어 냈다. 생물은 진화하며 살아남기 위해 다양한 시스템을 발전시켜 왔다. 단세포 생물이었던 작은 생물이 커다란 나무 같은 식물로 진화했고, 바다를 헤엄치는 물고기나 하늘을 나는 새로 진화했다. 마침내 도구를 만들고, 문명을 발달시키는 거대한 뇌를 만들어 냈다.

만일 '죽음'이라는 것이 생물에게 불리한 조건이었다면, 텔로미어처럼 위험한 시스템은 진화 과정에서 이미 예전에 개선되었을 것이다. 텔로미어가 없는 돌연변이나 늙지 않는 진화를 하면 될 일이다. 우리의 선조인 단세포 생물은 죽지 않는다. 불로불사다. '불로불사'는 생명의 진화 가운데 가장 단순하고도 가장 오래된 시스템이다.

그렇지만 진화된 생물은 늙고 죽는다. 즉, 텔로미어는 생물이 스스로 늙고 죽기 위한 효율적인 시스템으로 만들어졌다는 얘기다. 우리가 더 효율적으로, 더 확실히 늙어 죽기 위해 만들어진 시스템이 바로 텔로미어인 것이다. 생물은 '불로불사'에서 '늙고 죽는' 쪽으로 진화했다. 내가 아무리 늙고 싶지 않고 죽고 싶지 않아도, 내 몸은 늙고 죽는 쪽을 선택한다.

왜 생물은 불로불사의 몸에서 늙고 죽는 몸으로 진화한 것일까?

세포의 역할 분담

먼 옛날 지구에 최초로 탄생한 생명은 '죽음'이 없었다. 그 생명은 그저 거듭해서 분열할 뿐이었다. 그리고 생물은 세포가 하나뿐인 단세포 생물에서 세포가 여러 개 모인 다세포 생물로 진화해 갔다. 우리 인간도 다세포 생물이다. 다세포 생물의 탄생은 수수께끼에 둘러싸여 있다. 이 시기 지구의 환경이 크게 바뀌고 있었던 것과 관련 있는 듯하다. 그리고 단세포 생물들은 환경의 극적인 변화에서 살아남기 위해 무리를 이루었다. 작은 물고기들이 떼를 짓듯, '무리'를 이루는 것은 스스로를 지키는 데 효과적인 방법이다.

아주 단순한 얘기지만, 단 하나의 세포가 살아남으려면 혼자서 온 사방을 경계해야만 한다. 그렇지만 세포와 세포가 여럿 붙어 있으면 비어 있는 쪽만 경계하면 된다. 더 많은 세포가 모이면 군집한 안쪽에 있는 세포는 더욱 안전해진다. 여럿이 붙어 세포 무리가 커질수록 안쪽의 안전한 세포의 수가 늘어난다. 그래서 세포는 분열해 종족을 늘리는 한편, 군집해 집합체를 만들게 되었다. 그렇게 만들어진 것이 다세포 생물이다.

처음에는 단순히 세포가 모여 있는 것뿐이었을지도 모른다. 그렇지만 모이면서 세포들은 각각 서로 역할을 분담하게 되었다. 예를 들어 집합체 겉면에 있는 세포는 좋든 싫든 집단을 지키는 역할을 해야 했다. 한편 집단 안쪽에 있는 세포는 다른 세포들이 지켜 주는 만큼 방어에 드는 힘을 덜 수 있다. 그렇다면 바깥쪽의 세포에게 영양분을 더해 주고 지원하는 쪽이 스스로 몸을 지키는 데 효율적이다.

이렇게 차츰 역할 분담이 명확해지면서 세포끼리 물질을 주고받거나 신호를 보내게 되었고, 더 원활하게 역할 분담을 할 수 있게 되었다. 그리하여 여러 개 세포가 연대해 하나의 생명 활동을 하는 다세포 생물이 탄생했다.

'죽음'이 태어나기까지

이런 과정을 거쳐 다세포 생물의 몸은 고도로 복잡해졌다. 여기서 문제가 생긴다. 이렇게 세포 분열만 반복해서는 제 몸만 비대해질 뿐 새로운 개체를 증식시킬 수는 없다. 그뿐인가. 각각의 세포가 무질서하게 분열을 거듭하다 보면 세포의 역할 분담이 흐트러지게 된다. 그래서 다세포 생물은 세포 분열을 하면 낡은 세포가 죽어 없어지는 시스템을 만들었다. 그것이 앞서 말한 스크랩 앤 빌드 시스템이다. 이렇게 해서 생겨난 것이 바로 '죽음'이다.

원래의 세포가 두 개로 나뉘는 세포 분열에서는 어느 쪽이 낡고 새롭고의 차이가 없다. 그런데 새로운 세포를 낳는 증식 담당 세포와, 분열로 태어나는 세포라는 차이가 생겨난 것이다. 이 스크랩 앤 빌드 시스템은 개체 전체에도 응용되었다. 그리고 부모 개체는 새로운 개체를 낳음으로써 세대교체를 하게 되었다. 이렇게 생물은 고도의 생명 활동과 동시에 '죽음'을 손에 넣었다.

참고로 '질서를 지키기 위해 죽는다'는 다세포 생물의 세포의 규칙을 무시하고 계속 증식하는 세포도 있다. 바로 우리 몸속의 암세포다. 암세포는 죽기를 거부하고 멋대로 증식하는 불사의 세포다.

분화 전능성

그런데 문득 의문이 들었다. 식물의 경우는 어떤가. 식물 중에는 인공적인 조작 없이도 클론으로 증식하는 경우가 있다. 예를 들어 우리가 떡으로도 자주 해 먹는 쑥은 씨로도 번식하지만 땅속줄기로도 자란다. 땅속줄기가 이어져 있으면 하나의 개체지만, 땅속줄기가 분리되면 개체 수가 늘어난다.

뱀밥은 쇠뜨기라는 식물의 포자 줄기다. 쇠뜨기도 땅속줄기로 연결되어 있다. 풀베기로 떨어진 쇠뜨기의 땅속줄기를 그대로 방치해 두면 줄기의 파편이 재생되어 쇠뜨기는 더욱 늘어난다. 만손초라는 식물은 잎끝에 작은 싹을 틔우고, 이 작은 싹들이 호로록 떨어지며 늘어난다. 이 뛰어난 번식력 때문에 일본어에서 '자손이 번창한다'는 의미로 '고다카라子宝'라는 이름이 붙었다.

우리 인간의 관점에서 보자면 몸 일부가 떨어져 나가 클론이 증식하는 셈이니 신기할 따름이다. 사람 몸에 비유하면 팔을 잘라 냈는데 원래 몸의 팔도 재생되고 떨어져 나간 팔도 재생되어 또 한 명의 내가 생겨나는 식이다. 팔뿐 아니라 떨어진 손발톱, 머리카락으로도 증식이 가능할 수 있다. 하기야 손발톱과 머리카락은 죽은 세포이니 재생이 어려울지도 모르겠지만, 그래도 살아 있는 세포라면 식물은 세포 하나부터도 재생이 가능하다.

아무리 그래도 자연계에서 세포 하나에서 재생되는 현상은 보기 드물지만, 예를 들어 무균 상태인 실험실에서 세포를 배양하면 단 하나의 세포에서도 식물을 재생시킬 수 있다. 그야말로 궁극적인 클론 증식이다. 이것이 가능한 것은 식물의 세포에 '분화 전능성'이라는 특징이 있기 때문이다. 하나의 세포 안에는 한 식물이 되기 위한 정보가 모두 담겨 있고, 그래서 어떤 세포라도 잎이든 뿌리든 온갖 기관이 될 수 있다. 그것이 분화 전능성이다. 그러한 성질이 있어서 식물은 어느 부분의 세포를 채취해도 분열한 세포가 잎과 뿌리를 다시 분화시켜 식물이 재생될 수 있다. 식물은 다세포 생물이지만, 다세포 생물도 단세포의 집합일 뿐이다. 그렇기 때문에 가능한 일인 것이다.

분화 전능성의 소실과 재현

그런데 분화 전능성이 있는 것은 식물뿐만이 아니다. 우리 동물도 분화 전능성을 갖고 있다. 태초에 우리도 단세포 생물이었다. 38억 년 전 진화 얘기가 아니다. 아버지의 정자와 어머니의 난자가 만나 수정란이 되었을 때, 우리는 그저 단 하나의 세포였다. 그 세포가 복제를 거듭해 팔과 다리가 되고, 내장이 되고, 뇌를 만들어 냈을 뿐이다. 그래서 뇌세포와 팔다리의 세포는 모두 같은 유전 정보를 갖는다.

식물은 온갖 부분에서 줄기가 자라거나 잎이 나곤 한다. 줄기 수나 잎의 수에도 정해진 것은 없다. 하지만 인간의 몸은 손과 팔은 두 개, 눈도 두 개, 입은 하나로 정해져 있다. 그래서 인간을 포함한 동물의 몸은 분화 전능성을 잃어 어디의 세포를 가져와도 몸을 재생시킬 수는 없다. 세포는 기본적으로는 분화 전능성을 지니고 있지만, 동물은 몸 전체의 질서를 유지하기 위해 분화 전능성을 상실하게 되었다.

분화 전능성이 어떤 과정으로 사라지게 되었는지는 아직 밝혀지지 않은 커다란 수수께끼다. 동물인 인간의 세포에 이 분화 전능성을 지니게 하기 위한 도전이 바로 뉴스에 자주 회자되는 iPS세포와 ES세포다.

식물은 죽지 않는가?

식물은 클론으로 증식할 수도 있다. 중요한 신목이나 역사적으로 유명한 나무가 말라갈 때 삽목으로 묘목을 늘리는 경우가 있다. 그렇게 '2대째'를 만들어 작은 묘목을 키운다. 원래의 나무가 말라 버려도 클론으로 증식한 묘목 또한 완전히 같은 성질을 지닌다. 그렇다면 그 나무는 죽지 않았다고 할 수 있을까?

원래의 나무는 말라 버렸다 여겨질지 모르지만 묘목 입장에서는 원래의 나무가 자신의 클론이다. 세포 분열로 새로운 세포가 태어나 낡은 세포가 사라져 가는 것과 다를 게 없다. 나무에 새로운 잎이 자라나 낡은 잎이 떨어지고, 인간의 피부에 새로운 세포가 자라나 낡은 세포는 각질로 떨어져 나가는 것과 마찬가지다.

그렇다면 클론으로 영양 번식을 하는 식물은 결코 죽지 않는 것일까. 천 년의 역사를 가진 유명한 나무가 말라 버리기 전에 그 가지를 삽목으로 늘려 묘목을 키웠다면, 그 '2대째 나무'의 수령도 이미 천 년이라고 할 수 있을까?

헬라 세포

예를 들어 이런 망상을 해 본다. 내가 죽기 전에 내 세포를 배양해 새로운 2대째의 나를 만든다. 이것을 반복하면 나는 영원히 살 수 있는 것일까. 사실 이것은 SF의 세계에서가 아니라 실제로 일어나고 있는 일이다.

영원히 생존하는 그 세포의 이름은 헬라 세포^{HeLa cells}라고 한다. 그 세포의 주인은 헨리에타 랙스^{Henrietta Lacks}라는 여성이었다. 그 여성은 1951년에 사망했지만, 헬라 세포라고 이름 붙여진 그의 세포는 지금도 실험실에 살아 있다. 헬라 세포는 암세포이며, 암세포는 죽기를 거부하고 멋대로 증식하는 '불사의 세포'다. 그래서 헬라 세포는 단세포 생물과 마찬가지로 세포 분열을 반복한다. 이처럼 우리도 세포 단위라면 영원히 살 수 있는 것이다. 그렇지만 그런 상태로 '헨리에타는 살아 있다'고 할 수 있는 것일까.

자연은 SF보다도 기묘하다

세포가 살아 있는 것만으로 살아 있다는 것을 실감하기는 아무래도 어려울 것이다. 그러면 이런 경우는 어떨까. 몸 전체를 남기기가 어렵다면 뇌만 남겨 두는 것이다. 뇌가 남아 있다면, 나를 나로 인식하고 나로서 살아가는 일이 가능할 것이다. 뇌세포도 늙어 버렸다면 뇌 안에 있는 정보만이라도 좋다. 사실 뇌세포조차 낡은 세포가 죽고 새로운 세포로 바뀔 뿐인 존재다.

나의 본체는 뇌세포가 아니다. 뇌세포 속에 담긴 정보다. 그렇다면 정보만 영원히 살아남으면 된다. 바꾸어 말하면 뇌세포가 배양액 속에 영원히 살아 있어도 거기에 아무런 정보가 없다면 내 뇌는 내가 아니다. 그렇다면 컴퓨터를 백업하는 것처럼 내 뇌 안의 정보를 전부 꺼내 복제해 두면 되지 않을까? 그렇다면 '나'는 영원히 존재한다고 할 수 있지 않을까?

아니지. 잠시 천장을 올려다봤다. 생물들은 이미 그렇게 하고 있다.

생물은 유전자를 운반하는 도구일 뿐

우리는 부모로부터 자녀에게로, 자녀로부터 손자에게로 유전자를 이어 나간다. 유전자는 물질이 아닌 정보의 복제다. 세포는 분열을 통해 유전 정보를 복제한다. 그리고 복제한 것을 부모에서 자녀에게로 이어 간다. 물론 유성 생식의 경우는 수컷과 암컷의 유전자를 절반씩만 물려받게 되지만, 적어도 아이의 절반은 내가 물려준 유전자로 이루어져 있다. 그리고 세포가 나이 들어 죽어도 유전 정보는 이어진다. 생물은 늙어 죽지만, 유전 정보는 복제되어 전달되기 때문이다.

유전학자 리처드 도킨스는 이것을 "생물은 유전자를 운반하는 도구에 불과하다"고 표현했다. 그전까지는 생물이 주체이고, 부모가 자식에게 유전자를 전달함으로써 그 생물 특유의 성질을 전달하는 것으로 인식했다. 부모 코끼리가 코가 긴 성질을 자식에게 전해 주는 식이다. 그런데 유전자가 주인공이라면 이야기가 달라진다.

복제된 유전자를 전달하기 위해 생물의 몸이 존재하는 것이라면, 유전자는 부모로부터 자식에게 그대로 전달된다. 물론 부모 양쪽의 유전자가 전달되니 성질이 부모와 완전히 같지는 않겠지만, '유전자'의 단편으로서는 그대로 복제되는 셈이다. 그리고 유전자는 생물의 몸을 이용해 복제를 거듭해 나간다. 예를 들어 내 뇌의 정보를 영원히 전달하려면 그 정보를 로봇의 몸에 입력시켜 살아남게 하면 된다. 그 로봇이 낡으면 '나'

라는 정보를 다시 꺼내 새로운 로봇에 옮긴다. '나'의 입장에서 보자면 로봇은 운반하는 도구에 불과하다. 마찬가지로 유전자는 생물의 몸을 이용해 유전 정보를 복제해 낡은 몸에서 새로운 몸으로 갈아타기를 거듭하는 것이다.

물론 내 뇌의 내용이라 해 봤자 어떤 음식을 좋아하고 싫어하는지, 즐거웠던 기억이나 실연당한 경험 같은 쓸데없는 것뿐이니 복제할 가치 따위는 없을지도 모르겠다. 어쨌든 유전자는 살아남기 위해 필요한 정보를 복제하면서 영원히 전달되어 간다.

더 나은 운반 도구

그런데 정말로 생물의 몸은 유전자를 운반하는 도구에 지나지 않는 것일까? 코끼리는 코가 길다는 특징이 있다. 그것은 유전자에 코가 길다는 정보가 새겨져 있어서다. 다만 코가 길다는 것은 그저 코끼리가 살아가는 데 유리한 성질일 뿐, 생물의 몸을 운반 도구로 삼고 있는 유전자에 있어서는 그다지 중요하지 않을지도 모른다.

역시 코가 긴 코끼리가 생물의 본질이고, 유전자는 그것을 전하기 위한 도구에 지나지 않는 게 아닐까. 그렇게 생각하고 싶지만, 그렇지가 않다. 생물이 유전자의 운반 도구라면, 도구는 멸종해선 안 된다. 만일 '코가 길다'는 점이 유전자의 운반 도구를 유지하는 데 중요한 기능이라면, 거기에 타고 있는 유전자에게도 중요한 기능이다. 그래서 유전자는 더욱 뛰어난 운반 도구의 성질을 획득할 필요가 있다. 뛰어난 개체가 살아남는 게 아니라, 뛰어난 운반 도구에 타고 있을수록 유전자는 오래 살아남는다. 이것이 리처드 도킨스의 논리다.

복제를 위해 죽는다고?

'생물은 유전자를 운반하는 도구'라고 생각하면, 이제까지 수수께끼였던 여러 생물의 행태가 설명된다. 예를 들어 일개미는 직접 알을 낳을 수 없다. 그저 여왕개미를 돌보고 동료 개미를 위해 일하다 죽는다. 왜 일개미는 자신을 희생하며 이렇게나 이타적으로 행동할 수 있는 것일까?

리처드 도킨스는 이 현상을 '이타적 행동'이 아니라 '이기적 유전자'의 행동이라 설명했다. 예를 들어 남성과 여성에게서 유전자를 절반씩 가져와 아이를 만드는 인간의 경우, 자신의 아이는 자신과 같은 유전자를 절반씩 갖게 된다. 계산해 보면 형제자매가 나와 같은 유전자를 갖고 있을 확률도 2분의 1이 된다.

일개미도 혹 자신의 아이를 낳으면 2분의 1의 유전자를 남길 수 있다. 그런데 개미는 수컷이 염색체를 절반만 갖고 있는 1배체이기 때문에, 자매가 나와 같은 유전자를 갖고 있을 확률은 4분의 3이다. 개미는 여왕개미가 낳은 알에서 태어난 자매들로 가족이 구성된다. 내 유전자를 남기고 싶다면, 직접 낳기보다 여왕개미에게 내 자매를 많이 낳게 해서 자매들로 구성된 둥지를 지키는 편이 효율적이다.

그래서 일개미들은 가족을 위해 일하는 것이다. 즉, 생물 입장에서는 이타적으로 보이는 행동도 유전자의 입장에서 보면 스스로의 복제를 지키기 위한 이기적인 행동일 뿐이다. 만일 내 뇌 속의 정보가 복제되어 나의 복제가 수없이 만들어진다면 어떨까. 나는 그 복제들을 위해 죽을 수 있을까.

죽는 번식, 죽지 않는 번식

뜨거운 커피를 다시 한 잔 내렸다.

그런데 식물은 어떨까. 식물 중에는 영양 번식만 하는 경우도 있다. 예를 들어 꽃무릇. 앞서 언급했지만 꽃무릇은 3배체라 종자를 만들 수 없다. 그래서 비대해진 구근의 인편이 갈라져 영양 번식을 한다. 꽃무릇은 조몬 시대(대략 기원전 14,000년경~기원전 300년경 —옮긴이)에 일본으로 건너온 것으로 추정되며, 그 이후로는 영양 번식을 통해 클론으로 증식해 왔다. 그렇게 생각하면 꽃무릇은 꽤나 오랜 세월을 살아온 셈이다.

생물에는 종자 번식과 영양 번식이 있다. 자손을 남기는 '종자 번식'에는 죽음이 따른다. 우리 동물처럼, 암수가 있으며 아이를 남기고 죽음으로써 다음 세대로 생을 연결하는 방법이다. 암수의 성이 달라 '유성 번식'이라고도 한다.

반면 분신을 남기는 '영양 번식'에는 죽음이 없다. 스스로의 복제를 남기는 영양 번식은 단세포 동물과 마찬가지로 죽지 않고 그저 분열을 거듭하며 유전자를 남긴다. 암수가 필요하지 않으므로 '무성 번식'이라고도 한다.

식물 입장에서는 '죽는 번식'도 '죽지 않는 번식'도 그저 자연스러운 일이다. 종자로 유전자의 복제를 남기든 클론으로 자신의 분신인 유전자의 복제를 남기든 어느 쪽도 상관없다. 나에게는 죽는다는 것이 꽤나 큰일이지만, 식물들은 죽든 죽지 않든 별 차이가 없는 것이다.

식물에 있어 '죽음'이란 과연 어떤 의미일까? 식물은 죽는 것일까? 식물에 있어 살아가는 것과 죽는 것은 아무런 차이가 없다. 죽는 데도 죽지 않는 데도 연연하지 않는다는 얘기다.

살아 있다는 것은?

우리는 살아 있다. 그런데 살아 있다는 건 무엇일까? 사전에 따르면 '생명을 유지하는 것'이라고 한다. 그렇다면 '생명'이란 무엇일까? 사전에는 '태어나 죽기까지 생존의 지속'이라 되어 있다. 결국 '살아' '있다'는 것이겠다. 그것은 어떤 의미일까? 살아 있다는 건 뭘까. 생명이란 무엇일까.

우리는 생물이다. 애초에 생물이란 무엇일까. 다시 사전을 찾아봤다. 생물이란…… 사전의 설명은 이랬다.

"무생물이 아닌 것."

'아니, 이건 설명이 안 되잖아.'

하긴 무생물이 뭐냐는 질문을 받으면 생물이 아닌 것이라 설명할 수밖에 없을 것 같긴 하다. 참고로 사전에 생물은 '생명을 지닌 것'이라 되어 있었다. 그렇다면 생명이란 무엇일까. 사전을 다시 찾아보니 '생물로서 존재하게 하는 본원'이라고 되어 있다.

'무슨 말인지 잘 모르겠는데.'

다른 사전을 찾아보니 '살아 있는 것과 죽은 것, 생물과 비생물을 구별하는 것'이라고 되어 있다. 이것도 무슨 말인지 전혀 모르겠다.

생물이란 대체 뭐란 말인가.

생물의 조건

생물학은 이름 그대로 '생물'을 연구하는 학문이기 때문에, '생물이란 무엇인가'라는 질문에 대해 일단은 정의를 내리고 있다. 사실 연구자들의 의견이 엇갈리는 부분이기는 하지만 생물은 주로 다음과 같은 조건을 갖추는 것으로 여겨진다.

첫 번째 정의는 '외계와 막으로 구분되어 있다'는 점이다. 즉, 세포로 구성되어 있다.

두 번째는 '자신의 복제를 만들어 증식한다'는 점이다.

그리고 세 번째는 '대사를 통해 에너지를 생산한다'는 점이다.

주로 쟁점이 되는 것이 바이러스다. 바이러스는 생물처럼 증식하지만 생물학에서는 생물로 취급되지 않는다. 바이러스는 단백질로 외부와 구분되어 있기는 하지만 막을 지닌 세포가 아니며, 증식하기는 하지만 다른 생물의 세포에 침입하지 않으면 증식할 수 없고 스스로 대사 활동을 하지 않는다는 점에서도 생물이 아닌 것으로 정의된다.

그런데 석연치 않은 부분이 있다. 예를 들어 내 복제를 만들어 증식한다는 점에서 생물의 수컷은 어떤가. 암컷은 자손을 남길 수 있지만 수컷은 증식할 수가 없다. 물론 수컷 생물도 암컷과 협력하면 자신의 유전자를 남길 수 있다. 개체 레벨이 아니라 유전자 레벨이라면 수컷도 증식은 가능하다.

그럼 노새의 경우는 어떨까? 노새는 수탕나귀와 암말의 교배로 만들어진 가축이다. 잡종인 노새에게는 생식 능력이 없다. 그렇다면 생식 능력이 없는 노새는 생물이 아닌 것일까. 생물이 세포로 구성되어 있다는 것도 정말로 맞는 말일까.

현재는 지구 외에도 우주의 어딘가에 생명체가 존재하는 것으로 여겨진다. 지구와는 다른 환경에서 다르게 진화한 생명체는 세포로 구성되어 있을까? 우주에서 발견된 생명체의 경우 '살아 있다'의 정의는 무엇이며, 무얼 가지고 판단할 수 있는 것일까. 살아 있다는 것은 '막이 있고, 신진대사 활동을 하며, 자기 증식하는 것'이라는 설명으로는 뭔가 부족하다. 생물의 정의에는 예외도 많고 모호한 부분도 많다.

생물은 '살아 있는 것'이다. 그렇지만 이 '살아 있다'는 현상을 정의하는 것이 어렵다. 우리는 늘 살아 있다고 생각하지만, 막상 살아 있다는 게 무엇인지는 잘 모른다.

토요일의 답변

살아 있다는 건 무엇일까. 그것은 죽어 있지 않다는 것이다. 그렇다면 죽어 있다는 건 무엇일까.

'안되지, 안 돼. 쓸데없는 생각을 하고 있을 시간이 없다고.'

학생들이 보낸 질문에는 되도록 빨리 답해 주어야 한다. 요즘 학생들은 SNS에 익숙해서 커뮤니케이션 속도가 빠르다. 곧바로 답을 주지 않으면 불안해하고, 교수에 대한 평가가 떨어지고 만다. 믿고 싶지 않지만 지금은 학생이 교수를 평가하는 시대다. 학생들의 평가가 낮으면 학교에 호출당해 이런저런 잔소리를 듣게 된다.

그래서 나는 우선 답신을 썼다.

"좋은 질문이네요. 살아 있다는 건 뭘까요?

생각하다 보니 점점 답을 알 수 없게 되어 버렸습니다.

조금 더 생각할 시간이 필요할 듯싶습니다."

Sunday _____

식물은 무엇으로 이루어져 있는가?

일요일
Sunday

마지막 질문

꿈을 꾸었다. 커다란, 아주 커다란 나무가 있고 아이들이 나무에 올라가 놀고 있다. 아이들은 일본의 옛날 기모노처럼 소매가 넓은 옷을 입고 나무 위에서 바다가 보인다며 환호성을 지르고 있다. 나는 아이들에게 위험하니 얼른 내려오라고 나무 밑에서 소리쳤다. 정말 커다란 나무다. 나뭇잎이 흔들릴 때마다 잎 사이로 흘러드는 빛이 반짝거렸다.

일요일 아침은 조금 늦게까지 잘 수 있다. 그래도 급한 연락이 올 수도 있으니 집에서도 메일은 꼭 확인하는 편이다. 특히 학생들이 보낸 메일은 답이 늦으면 곧바로 항의가 들어온다. 예전에는 메일 같은 게 없어서 편했는데. 일요일에도 컴퓨터를 열어 봐야 하다니 어쩌다 이런 세상이 되고 말았는지, 원.

평소보다 조금 늦은 시간에 메일함을 열었는데 대학 사무처에서 보낸 '벌채 공사 안내'라는 제목의 메일이 있었다. 이번 주 일요일은 녹나무 벌채 공사 때문에 차량 진입이 불가능하다는 내용이었다.

깜박 잊고 있었다. 중정의 큰 녹나무는 건물 개축 공사 때문에 벌채하기로 결정되었다. 오늘은 일요일이라 학교에 갈 일이 없어서 연구실 학생들에게 연락하는 걸 잊었지만, 학생들은 연구실에 올 때 자전거나 오토바이를 이용하니 큰 불편은 없을 것이다. 이번에 벌채하는 나무는 이 학교가 세워지기 전부터 있었다는 바로 그 거대한 녹나무다. 옛날 육군 시설 때부터 있었다던가. 전국 시대 무사의 저택이었을 때부터 있었다는 얘기도 있다. 나보다 훨씬, 훨씬 더 오래 산 거목도 벌채하는 데는 하루가 채 걸리지 않는다. 정말이지 허무한 얘기다.

'그런데 녹나무(녹나무는 일본어로 구스노키楠木)라고? 설마!'

나는 서둘러 구스노키 학생에게서 메일이 와 있는지를 확인했다.

다행이다. 명색이 과학자인데 바보 같은 상상을 해 버렸군.
평소처럼 메일이 와 있었다.

'질문 드립니다.'

제목도 평소와 똑같다. 나는 안심하고 메일을 열어 보았다.

"식물은 무엇으로 이루어져 있을까요?"

한결같이 간결한 질문이다. 그래도 여태 받은 사느니 죽느
니 하는 질문들에 비하면 쉬운 질문이기는 하다.

식물의 디자인

식물의 몸은 '뿌리', '줄기', '잎'으로 구성되어 있다. 조금 더
보태자면 '꽃'과 '열매'도 포함시킬 수 있겠다.

식물에는 다양한 종류와 형태가 있지만, 모든 식물은 '뿌리,
줄기, 잎, 꽃, 열매'라는 기관들로만 디자인되어 있다. 예를 들

어 고구마는 뿌리가, 감자는 줄기가 굵어진 것이다. 언뜻 비슷해 보이지만 고구마는 영양을 모으는 데 뿌리를 굵게 만드는 발상을 한 반면 감자는 영양을 줄기에 모았다. 발상은 다르지만 땅속에 저장 기관을 만들면서 비슷한 디자인이 되었다. 당근도 뿌리가 굵어진 경우다.

그러면 무는 어떨까? 무는 당근과 비슷하지만 배축이라는 줄기 부분이 굵어진 것이다. 무를 보면 촘촘한 작은 구멍들이 있는데 그것은 작은 뿌리들이 나 있던 흔적이다. 말하자면 흔적이 남아 있는 부분은 뿌리가 굵어진 것이고, 흔적이 없는 윗부분은 배축이 굵어진 것이다. 이렇게 다양한 채소들도 반드시 '뿌리', '줄기', '잎', '꽃', '열매' 중에서 구성되어 있다. 식물의 디자인은 정말 대단하다고 하지 않을 수 없다.

'식물은 뿌리, 줄기, 잎, 꽃, 열매로 이루어져 있습니다'라고 답장을 쓰려다가, 나는 또 다른 생각을 떠올렸다.

우주와 생명을 잇는 것

그렇다면 이러한 식물의 기관은 무엇으로 이루어져 있는가?

'세포로 구성되어 있다'고 답할 수도 있다. 식물의 몸은 세포의 집합이니 세포로 이루어져 있다고 해도 틀린 답은 아니다. 그래서 다시 '식물은 세포로 이루어져 있습니다'는 문장을 적었다. 그런데 뭔가 또 이게 아닌 것 같다.

세포는 무엇으로 이루어져 있나? 세포는 탄수화물, 단백질, 지방 같은 물질로 이루어져 있다. 이러한 물질들을 통틀어 유기물이라고 한다. 식물은 대기 중의 이산화탄소를 빨아들여 유기물을 만든다. 그래서 유기물은 탄소를 함유하게 된다. 그러면 유기물의 근원이 되는 탄소는 어디에서 생겨난 것일까. 우리 인간의 뇌는 엄청난 상상력을 지닌 기관이다. 시공을 넘어 머나먼 우주의 너머까지, 머나먼 우주의 시작에 대해서까지 상상해 낸다. 상상해 보자.

우주의 시작은 빅뱅이었다. 이 빅뱅 직후에 수소, 헬륨 같은 가벼운 원자가 나타난 것으로 추정된다. 그런데 이때 탄소는 아직 생겨나지 않았다. 탄소의 원자 번호는 6이다. 양자가 6개여서 붙은 이름이다. 빅뱅으로 생겨난 수소는 양자가 1개, 헬륨은 양자가 2개다. 탄소가 생겨나려면 이 수소나 헬륨이 핵융합 반응을 일으켜야 한다. 물론 새로운 원소가 생겨나는 일은 그리 자주 일어나지 않는다. 이 반응이 일어나려면 1억℃ 이상의 고온이 필요하다. 이만큼 높은 온도가 어떤 조건 속에서 생성될 수 있을까? 바로 항성의 중심부다.

태양 같은 항성은 수소를 핵융합해 에너지를 방출한다. 항성의 내부 온도는 약 300만℃이고, 이때 이 핵융합으로 만들어지는 것이 헬륨이다. 항성은 시간이 지날수록 거대해지고 내부의 압력이 높아진다. 그렇게 온도가 1억℃ 이상까지 높아지고, 헬륨이 결합해 탄소가 만들어지기 시작한 것이다. 그리고 항성은 팽창을 거듭하다 마지막에는 폭발하게 된다. 이렇게 별의 중심부에 있었던 탄소는 우주로 퍼져 나가게 되었다. 그리고 우주로 퍼진 탄소가 모여 지구 같은 행성을 만들었고, 우리 생물의 몸을 구성하게 되었다. 지구에서 살아가는 우리 생물의 몸은 먼 우주 어딘가에서 태어난 것들로 이루어져 있다.

일요일의 답변

우리 생명의 원천은 별의 죽음으로 생겨난 것이다. 지상에 살고 있는 우리 인간의 눈에는 영원할 것만 같은 별들에게도 수명은 있고, 밤하늘 가득 펼쳐진 모든 별에게도 언젠가는 죽음이 찾아온다. 그리고 별이 죽어 우주로 뻗어 나간 물질이 또 우주의 어딘가에 모여 새로운 별로 태어난다.

광대한 우주 어딘가에서는 오늘도 별이 죽고, 또 새로운 별이 태어나고 있을 것이다. 영원할 것 같은 우주조차 삶과 죽음을 반복하고 있다. 그 우주의 삶과 죽음의 윤회 속에서, 우리는 우연히도 지구라는 별에서 삶을 향유하게 되었다.

우주에 있는 모든 것은 죽는다. 우리는 그런 우주의 한쪽 구석에서 살아가는 작디작은 생명체다. 그 작디작은 생명체가 삶과 죽음의 의미를 생각하다니 꽤나 주제넘은 일인 듯도 싶다. 우리는 우주를 구성하는 일원으로서, 주어진 생명을 살아가고 주어진 죽음을 받아들이는 것만으로 충분할지도 모른다.

태양은 잠들어 다음 날 아침 당연한 듯 다시 떠오른다. 하지만 끝이 있는 생명을 가진 우리에게 그것은 당연한 일이 아니다. 죽음은 바로 내일 다가올 수도 있다. 태양일지언정 그 또한 당연한 일이 아니다. 태양도 언젠가는 나이가 들어 죽음을 맞이할 것이다. 그때는 지구 또한 팽창한 태양에 말려들어 태양과 운명을 함께할 것이다.

그리고 지금 우리의 몸을 구성하고 있는 탄소도 다시 우주로 흩어져 우주의 어딘가에서 새로운 별이 될 것이다. 어쩌면 작은 행성에서 작은 생명체가 탄생할지도 모르고, 우주 어딘가에서 태어난 그 작은 생명체는 우리 몸의 탄소로 만들어진 것일지도 모른다. 그렇게 생각하면 어딘지도 모를 그 우주의 끝도 왠지 사랑스럽게 느껴진다.

우리의 몸은 별의 죽음으로 인해 태어났다. 그렇다면 그 탄소로 만들어진 유기체가 '나이 들어 죽는' 운명을 짊어지는 것은 당연한 일일지도 모른다.

'Re: 질문 드립니다.'

답신을 썼다.

"식물은 별의 조각들로 이루어져 있습니다.

그것은 우리 인간도 마찬가지이지요."

'죽음'의 발명으로 생명은 세대를 초월해

생의 릴레이를 이어 가며 영원해질 수 있게 되었다.

영원히 존재하기 위해 생명은

'끝이 있는 삶'을 만들어 냈던 것이다.

마지막 메일

뇌에 피로가 쌓이기라도 했나. 또 이상한
꿈을 꾸었다. 커다란 나무 같은 식물 하나가 눈부신 빛에 둘러싸
여 있다. 빛은 식물이 광합성을 하는 데 꼭 필요하지만, 너무 강
한 빛은 도리어 해가 된다. 빛에너지가 너무 강하면 광합성의 시
스템이 망가지기 때문이다. 그래서 식물은 너무 과한 빛을 투과
시키는 장치나, 안토시아닌 같은 색소로 여분의 빛을 흡수하는
안전장치를 갖추고 있다.

그럼에도 빛이 너무 강할 경우에는 빛에너지를 열에너지로 변
환시키고, 그래도 남는 에너지는 독성이 있는 활성 산소로 만든
다. 그래서 남아도는 산소를 소비하기 위해 '광호흡'이라는, 오로
지 산소를 줄이기 위한 호흡을 하거나 활성 산소를 제거하기 위

한 항산화 물질을 비축하기도 한다.

'이 정도 빛은 식물에게는 너무 강한데……'

이런 생각을 하고 있는데 그 식물이 씨를 뿌리기 시작했다.

'그렇지. 식물은 이렇게 자손을 남기고 생명을 이어 가려 하는구나……'

그런데 어디에선가 목소리가 들렸다.

"이건 씨가 아니에요."

'응? 무슨 말이지?'

당황하고 있는 와중에 또 어딘가에서 목소리가 들렸다.

"이건 씨가 아니에요. 이건 나의 미래예요."

'뭐라고?'

퍼뜩 눈을 떴다. 기상 알람이 울리기 5분 전이었다.

다시 월요일 아침이 돌아왔다. 출근을 앞둔 일주일은 왠지 더 길게 느껴진다.

'아니지. 아인슈타인의 말처럼 이건 상대적인 걸 거야……'

다시 똑같은 일주일이 시작되었고, 언제나처럼 메일부터 확인하기 시작했다. 오늘도 구스노키의 메일이 와 있었다. 그런데 지난주와 달리 이번에는 질문이 아니었다. 메일의 내용은 단지 이것뿐이었다.

"삶은 참 신기합니다.

죽음도 신기합니다.

그리고 생명은 정말로 아름답습니다.

주어진 생을 살고, 주어진 죽음을 받아들인다는 것은

얼마나 대단한 일인지요."

그리고 마지막 문장은 이러했다.

"교수님도 힘내세요!"

이 메일에는 답신을 쓰지 않았다.

그 이후로 구스노키에게 메일을 받은 적은 없다.

植物に死はあるのか

식물에 죽음은 있는가

1판 1쇄 발행일 2026년 1월 26일

글 이나가키 히데히로 **옮김** 이소온

펴낸곳 (주)도서출판 북멘토 **펴낸이** 이은아

편집 김경란, 조정우 **디자인** 행복한물고기, 안상준

마케팅 강보람 **경영기획** 이재희

출판등록 제6-800호.(2006. 6. 13.)

주소 03990 서울시 마포구 월드컵북로 6길 69(연남동 567-11) IK빌딩 3층

전화 02-332-4885 **팩스** 02-6021-4885

bookmentorbooks.co.kr   bookmentorbooks@hanmail.net

bookmentorbooks__   blog.naver.com/bookmentorbook

ISBN 978-89-6319-674-9 03470